日本製造業復活のための技術開発とマネジメント

福原 證・田口 伸・細川 哲夫 著

日本規格協会

推薦の辞：技術立国・品質経営再興の処方箋

Japan as No.1 と言われた時代，欧米諸国は産官学共同で，日本の技術経営・全社的品質経営を学習し，自分たちの文化に合致した技術経営として実装を開始し，展開してきたことは，本書に示されたとおりである．

推薦者は決して企業人ではない．しかし，トップマネジメントが技術開発ないしは事業開発方針を明確に示し，ミドルマネジメント任せにせず，トップとしての責任を果たすことを本書が提言していることには，心底共感した．また，それを実現するためにトップが自社なりに利活用すべき“方針管理”という経営技法も明確に示されている．これこそ，日本の産業競争力復興の処方箋の第一と言わなければならない．

方針管理は，日本で1960年代に開発され，コマツ，トヨタ，リコー，ブリヂストン，NTT データ通信等など数多くの企業で，トップマネジメントが，彼らの経営戦略実現を具体化するために開発された経営技法である．米国もこれを学習して Balanced Scorecard といった経営技法をアカデミアが開発し産業界も利用している．しかし，往時の日本的経営の特長は，これらの経営技法を企業トップが自らの企業のために開発し，それが各企業の事業や組織形態に合わせて練り上げ，自立的進化を遂げたことである．

本書は，事業開発や技術開発で顧客価値実現を生業としている日本の経営者に対して，再度，自社に即した方針管理を推進することを呼び掛けている．ＴＱＭ活動を推進したことのないトップの皆様方に，第１章だけは読んでいただくことを強く推薦したい．

一方，固有技術に一日の長がある企業のトップやミドルマネジメントが，技術経営戦略実現の設計図たる方針展開を社員に示しただけで技術競争力再興が実現するわけではない．本書を強く推薦する第2の理由は，技術開発生産性を向上するためのプロセスモデルとしてのDFSSやT7と，そのプロセスに埋め込まれるべき管理技法が体系的に紹介されたことである．これこそ，本書に紹介された（一社）日本品質管理学会，（一社）日本品質工学会の共同研究会“新商品開発プロセス研究会”において著者らがリーダーシップを発揮した研究成果と言えよう．実際，このような広い視点で技術開発技法を俯瞰した類書は，本邦ではなかったのではないか？

それら技術管理・評価改善の技法には，QFDや品質工学のように日本の産業界とアカデミアが共創し，世界に広まった方法論もある．推薦者は，1989年にGMのロチェスター研究所でGMとXeroxの共同研究会を傍聴した．そこで両社が議論していたのは赤尾のQFD，Pughの方法，タグチメソッドの融合であり，日本人として誇らしく思った．

それから35年，田口伸先生のリーダーシップで公理的設計も含めてDFSSという形で技術開発プロセスの国際標準の中に取り込まれつつある．国際技術開発のコミュニティで，これらのプロセスや技術管理技法が当たり前に論じられるようになったのである．もし，我が国技術開発責任者が，その種のプロセスと管理技法についてあまり知識がないのなら，まずは本書を手に取ってチームで学習を開始することを強く勧める．

推薦者は，設計科学の中で統計科学的方法の役割を考えている古典的統計家に過ぎない．そして，その観点で技術評価技法体系である品質工学と科学的メカニズムを近似表現する統計科学とが，ややもすると対立していることに心を痛めていたことを告白しなければならない．しかし，本書でも紹介されたCS-T法の提案が，データサイエンス技術とデータサイエンス科学との知の統合の第一歩であることも個人的には高く評価している．

本書は，宝箱をひっくり返して，読者に見せつけているような本であることは間違いない．しかし，日本の品質経営活動が技術開発部門を中核拠点として再興するためにも，経営者は経営者なりに，技術者は技術者なりに本書の学習を第一歩とすることで，企業の国際競争力向上に繋がると考える．技術立国日本のそのような将来を強く期待したい．

2024 年 4 月

統計数理研究所
所長　椿　広計

まえがき

激しさを増すグローバル競争の中で，多くの日本製造業が新たなチャレンジの場に立たされています．かつて輝いていた日本製造業が今後向かうべき方向はどこなのか．かつての輝きを再び取り戻すためには何をどのように変えれば良いのか，あるいは変えてはいけないのか．日本製造業が復活するための処方箋について，多くの方々が様々な議論を展開しています．そこで，共通に言えることは，過去のやり方の継続やその強化では，この状況を根本的に打破することは困難ということではないでしょうか．

これまでの歴史を振り返ると，戦後間もなくの頃の日本製品は個体差ばらつきが大きく，初期品質でお客様に迷惑をかけていた時代がありました．そこで，米国から統計的品質管理手法が導入され，ばらつきの見える化とともに製造現場の改善活動を活発化させて，工場での特性の安定性が飛躍的に向上しました．次に市場での機能の安定性が課題となり，お客様が様々な使い方をしても長期間にわたって機能を維持することが求められるようになりました．その課題達成手段としてタグチメソッド，信頼性工学などの手法が導入され，製品設計段階での市場品質の確保を実現しました．

このような継続的な取組みによるダントツの高品質の実現によって，1990年代初めまで，日本製品が世界を席巻し，Japan as No.1とまで呼ばれる地位を獲得しました．しかしながら，その後は市場で問題を起こさないという意味での当たり前品質から，お客様の期待を超える感動品質の実現へと競争軸がシフトするとともに日本製造業のグローバル競争力が低下の一途をたどってしまいました．競争力の源泉が製造から製品設計へ，そして製品設計から技術開発へと上流にシフトしているのです．この競争軸の変化に合わせて技術開発の仕組みやマネジメントの方法を変革する必要があったのですが，それが実現できていないのが日本製造業の現状ではないでしょうか．この現状打破のための変革を実現することが最重要かつ緊急性の高い課題であると考えます．

一方，欧米企業のこれまでの歴史を振り返ると，彼ら彼女らはかつての日本企業から多くを学び，それを自分たち流にアレンジして仕組みを構築してきたことがわかります．かつての欧米企業は，個人の自律的な力が重視され，結果が良ければプロセスは問わないというマネジメントが主流でした．しかし，1980年代以降，日本製造業の国際競争力が高まり，多くの欧米企業が日本から学んだことが，“良い仕組みが良い結果を継続的に生み出す”という考え方です．欧米企業はタグチメソッド（以後，品質工学と呼ぶ）やQFD（Quality Function Deployment）などの技法やTQM（Total Quality Management）や方針管理などのマネジメントの考え方を日本から学び，それを自分たち流にアレンジしてシックスシグマを考案し，さらにDFSS（Design For Six Sigma）などの新しい技術開発の仕組みを構築し，実践活用しています．これが今の欧米の製造業の強さの要因の一つであることは間違いありません．筆者は2018年にQMOD（Quality Management and Organizational Development）という欧州を中心とした品質の国際会議に参加したのですが，その基調講演でPDSA（Plan Do Study Action）というフレーズが強調されていたことがとても印象に残っています．大きな目標を達成するための計画を立案し，実行によって価値ある情報を入手する．その情報から自ら体験的に学び，目標達成のための新たな手段を創造する．このPDSAサイクルを効果的に回す仕組みの中で，品質工学やQFDなどの日本発の技法が活用されているのです．

それに比べて現在の日本製造業はどうでしょうか．多くの企業で，結果が良ければプロセスは問わない，というかつての欧米流の合理主義マネジメントの導入が進み，それに合わせてチームワークによる中長期視点の大きな成果よりも，個人の責任を重視した短期的な成果が求められる方向に進んできたように感じます．その結果，大きな目標を目指しながら失敗から学ぶPDSAサイクルよりも，失敗回避を優先し，事前に予測可能な範囲での小さな改善や過去の成功例の踏襲というような無難な行動が評価されるようになってしまったのではないでしょうか．チャレンジよりも失敗しない組織文化のままでは事業を成長させることができない時代となっています．昭和のキャッチアップ時代であれば，学んだことを間違いなく実施展開する組織文化が競争力となりましたが，お客様の期待を超える自社独自の技術に基づく製品の実現が必須となった現在では，失敗を許容しない組織文化は成長の阻害要因となってしまいます．

現状維持は相対的な低下です．変革が必要なことは論を待ちません．今度は日本の製造業が欧米企業から学び，自分たちに合ったより良い技術開発の仕組みやマネジメントの方法を構築し，それを実践する．それが，日本製造業が再び世界のフロントランナーとなる最も効果的な処方箋と考えます．その具体的な処方箋として，創造性と効率性を両立した，新しい技術開発の仕組みとマネジメントの方法を提供することが本書の狙いです．本書が，日本製造業が新しい一歩を踏み出す原動力の一つになることを期待しています．

2024 年 4 月

執筆者を代表して　細川哲夫

本書の目的と読み方

本書は，お客様の期待を超える製品を継続的に提供できる技術開発プロセスを構築し，マネジメントするための手引き書です．製品の詳細設計の前の技術開発段階で技術を確立するフロントローディングの必要性は従来から指摘されてきました．そして，フロントローディングを実現する手段として様々な技法がすでに提案されています．それらの技法を単独で個別に活用するのではなく，各技法を有機的に融合することで，より大きな成果を目指すことができます．

[本書の対象者]

技術開発の現場で活動されている技術者やテーマリーダーから技術開発部門をトータルにマネジメントする役割の方々，品質保証の仕組みづくりに携わる方々まで幅広い層の皆様に役立つ内容となっています．

[本書を活用する目的]

本書は次のような目的に活用できます．

① 品質工学や品質管理及びその周辺領域の各技法を有効活用できる場面を判断する

② 各技法を効果的に融合して，より大きな成果を実現する

③ 技術開発のプロセスを設計する

④ 技術開発部門の組織力を向上させる

⑤ 経営課題達成のために技術開発プロセスをマネジメントする

[本書の構成]

第 1 章は日本企業の強みと課題を明らかにする章です．戦後の焼け野原から世界トップの産業国にまで上り詰めるに至った成功要因と，その後の失われた 30 年から見えてくる課題を企業の内側視点から明らかにします．

第２章では技術開発の全体像を俯瞰しています．品質工学や品質管理に関連した分野の各技法を技術開発活動全体の中に位置付けて，各技法の狙いを明らかにします．

第３章と第４章では技術開発プロセスを設計する仕組みを紹介しています．第３章では欧米をはじめとした海外企業で活用が進んでいるDFSSについて紹介します．第４章ではDFSSをベンチマークして，それをさらに発展させた日本発の仕組みとしてT7（Technology 7）を提案します．第４章で取り上げた事例の実施時期は1990年代ですが，品質工学を仕組みとして活用し，技術手段を発想した代表的な事例として現在でも通用する内容です．

第５章は技術開発活動のマネジメントに関する章です．日本発のマネジメントの方法論である方針管理を技術開発のマネジメントに活かす方法を紹介します．

[本書の読み方]

第１章は技術者からマネジャーまで幅広く参考になる内容です．スタッフや管理の方々はさらに第２章と第５章を読んでいただき，技術開発の全体像を再確認した上で，マネジメントに役立てることをお勧めします．技術者やテーマリーダーの方々は第２章から第４章を重点に読まれることをお勧めします．

なお，本書では品質管理や品質工学で活用されている様々な技法が出てきますが，各技法の詳細については触れていません．各技法の詳細についてはそれぞれの専門書を参考にしていただければと思います．専門書については本文内で紹介しています．

[あるべき状態の系統図の使い方]

本書をご購入された方は付録６の“あるべき状態の系統図”を無料でダウンロードすることができます．この系統図は“お客様の期待を超える製品を継続的に提供できている”をトップ事象にして，この状態を実現するための下位のあるべき状態を展開しています．トップ事象を５つのあるべき状態に分解し，さらに下位に向けて約 300 個のあるべき状態に展開されています.

・感動品質が創出されている（Quality）
・正常な可動が保証されている（Quality）（正常可動：使いたいときにいつでも使える状態）
・タイミング良く提供できている（Delivery）
・原価力の高い製品ができている（Cost）
・職場が生き生きしている（Morals）

これらの状態言葉を自部門のチェックシートや管理項目（目標項目）の設定に活用することができます. DFSS や T7 はこのトップ事象を実現する手段に位置付けられます.

目　次

第1章　日本におけるTQMの変遷を確認し現状の課題を整理する

日本は戦後の荒廃から見事に立ち上がって工業立国として世界をリードする立場になりました．そこに至る過程で米国から導入した品質管理や統計的品質管理（SQC：Statistical Quality Control）が果たした役割の大きさに異論を唱える人はいないと思います．

ところがその後，日本は失われた30年と言われ，特に製造業はかつての国際競争力を失ってしまいました．その要因は様々あると思いますが，TQMなど日本が生み出した仕組みや手法，技法の活用と進化を継続させずに，欧米流の合理主義マネジメントを入れたことも要因の一つです．

一方で米国は1980年代，Japan as No.1と言われた頃の日本から学び，それをシックスシグマやDFSSなどの仕組みに仕上げて実践展開し競争力を取り戻しています．欧州やアジアでも同様の動きが見えます．

競争の基軸が時代とともに変化していることも認識しなければいけません．戦後まもなくの競争軸は製造段階での量産品質でしたが，その後1970年以降はやつれない，壊れないという市場品質が競争軸になり製品設計の質と効率向上が事業成長の原動力となりました．そこで日本企業はダントツの強さを実現し，世界から注目されるようになりました．量産品質と市場品質の重要性は今でも変わりませんが，時代が変化し，今では新たな価値創造が競争軸になっていることを強く意識する必要があります．

本書の狙いは，お客様の期待を超える製品を継続的に提供できる状態を実現するための技術開発の仕組みとマネジメントの方法を示すことですが，ここではなぜ新たな仕組みやマネジメントが必要なのかを理解するために品質に関連する分野の歴史を振り返ってみたいと思います．また，仕組みを機能させるための方針管理におけるトップマネジメントのあり方や人財育成についても議論したいと思います．

1.1　日本の品質管理の歴史

要旨

“安かろう悪かろう”と揶揄された劣悪製品に対して，戦後の日本では米国専門家の指導のもとで産学が共同して品質管理を展開した結果，量産品のできばえ品質を向上させ，さらに機能・性能面でも世界トップのレベルを実現させました．TQM・実験計画法（DOE：Design of Experiments）・QFDなど，日本発の仕組みや技法の活用が大きな成果につながっています．

ところが，昨今では日本の製造業はかつての国際競争力を失っています．欧米では日本を学び，自分流に仕上げて実績を上げています．いつの間にか日本企業の体質に変化が起こっているに違いありません．本節では現状の課題を整理するために過去の活動を対談形式で振り返ります．

— 日本での品質管理の出発点 —

細川

品質管理は日本のお家芸と思っている日本人が大多数なのですが，実は品質管理の発想の原点は戦前の欧米にあるという認識から始めたいと思います．1890年のテイラーによるPDS（Plan Do See）の提案，1935年のフィッシャーによる実験計画法の構築，1939年のシューハートによる管理図や1950年に初来日したデミングによるPDCA（Plan Do Check Action）サイクルの提唱などです．検査による品質確保から工程管理による品質管理への流れはシューハートに原点があります．

田口(伸)

1983年から米国で品質工学の指導を始めましたが，その頃は管理図を使っている企業はほぼゼロでした．SQCの手法である管理図などが生まれたのは米国ですが，使っているのはベル研究所（ベル研）やウエスティングハウス社など進んでいるところのみで，ビッグスリーやGE社などの大企業では工程で品質を作り込むというSQCの概念は皆無で，品質は100％検査部門の責任という認識でした．米国でデミングという名前が知られるようになったのは彼が1979年に“If Japan can, why can't we?”というTV番組に出演して，日本に品質マネジメントを教えた第一人者として脚光を浴びてからです．管理図や実験計画法は統計学者の範疇でした．技術者や管理者が目的をもって使う状態ではありませんでした．1950年にデミングからの教えを受けて実直にそれをやったのが日本です．

― 産学連携が日本のTQMを発展させた ―

細川

1945年の敗戦からの日本の経済発展の原動力が米国から導入された品質管理ですが，品質管理の実践活用の指導者として西堀栄三郎，朝香鐵一，石川馨，水野滋など各先生たちが活躍された頃の状況やそこに至る背景などについて教えてくれませんか．自動車業界や複写機・プリンタ業界は今でもグローバル競争力を維持していますが，それはこの時代の産学連携による品質管理の実践があったからこそであって，それがなかったら今の日本はなかったのではとも思います．また敗戦によっていろいろなことがリセットされて新しい考え方や方法論への抵抗感がなくなったこともあるかと思います．

田口

米国では戦前から1970年頃まで日本製品は安かろう悪かろうという認識でした．日本製品をプレゼントすると侮辱されたと思われるくらいでした．こんな状況で敗戦によって大学や企業のトップ層が若い世代に強制的にバトンタッチされたことも要因ですが，それと日本人の特性がデミング博士の考え方にぴったりとあっていたということもあったと思います．品質に対してのパーフェクション，1mmずれたら気持ち悪いなどの感性です．欧米ではそういうところが良い悪いは別としていい加減で，少しくらいずれていても構わない．

細川

デミングが日本に来られた背景には，日本人の方が品質管理の考え方に合うということもあったのでしょうか．

田口

統計的な方法による国勢調査について助言を得るために日本政府が招待したのが最初です．デミングはシューハートの弟子で品質管理の専門家でもあるので，セミナー開催を依頼したのです．1950年のデミングセミナーを西堀，朝香，石川，水野など日本の品質管理の第一世代の方々が受けています．

福原

デミングが国勢調査で来日されて，その後に各地で品質管理の8日間セミナーを実施するようになったのです．それが1950年です．その中で一番インパクトがあったのがPDCAです．品質第一の哲学を日本人に教え込んだのがデミングだと認識しています．この頃からPDCAはデミングサイクルとも呼ばれています．デミングは統計やサンプリングの第一人者でしたが，8日間セミナーではサンプリングなど統計の話ではなく品質管理の話をされたのです．この8日間コースを主催したのが日科技連です．

田口

1980年にデミングがフォードで指導をしたときは管理図やPDCAだけではなく，デミング流の14のマネジメントの原則を中心に講義をされていました（付録1参照）．

福原

管理図の勉強の始まりは1946年の日本電気（NEC）の玉川事業所です．GHQが日本の通信機器の製造ばらつきが許容できないくらい大きく，それを改善するために指導に来たのです．

田口

1947年に現NTTの電気通信研究所（通研）ができたのもそれが理由です．ベル研をモデルに三鷹に創られたのです．品質工学の創造者である田口玄一は1950年から通研に入りました．その頃の上司が茅野健で，同僚に唐津一がいました．その頃，通研には西堀教室というのがあって，そこに田口も参加していました．デミングから各先生につながっています．GHQは日本にとってとても良いことをしてくれたのです．日本は戦艦大和やゼロ戦を作る技術力はあったのですが，ばらつきを管理する方法を知らなかったのです．特に諜報活動で必要な通信機器のばらつきが劣悪だったのです．

細川

GHQとデミング先生は関係あるのですか？

福原

いえ直接関係はないと思います．GHQからはマギル，サラソンらが来日しています．そのときに品質を検査で保証するのではなく工程で保証するという考え方を日本人が学んだのです．そこで使われるツールが管理図です．米国では軍需生産局の指導で1942年から1945年にかけて全米各地でQC講習会がやられていて，全米で2000人が受けています．

田口

つまり日本では品質が管理されてないことがわかったのです．そしてGHQが何とかするように指示をして，その後にデミングが来日して大きな動きになったのです．

福原

もう一つのきっかけは1949年に日科技連で結成されたQCRG（QC Research Group）だと思います．ここに朝香，石川，水野らがいて，ここでの研究がベーシックコースやマネジメントコースの開催につながっています．日本規格協会でも同年に日本最初のQC講習会（2日間）を開催しています．その後，JISや便覧の発行に加えて，標準化と品質管理セミナーの開催（1953年），実験計画法セミナーの開講（1956年）など，積極的にQCの普及に努められています．デミング賞制度の設立は1951年です．

田口

増山元三郎は日科技連の流れとは別に実験計画法を戦前からやっていました．推計学や実験計画法は増山先生が先駆者で，1951年に最初にデミング賞本賞を受賞されました．田口は1960年に受賞しています．田口は戦後すぐの数理統計研究所時代に増山に見いだされて，増山のかばん持ちで多くの日本の工場実験を指導したのです．ペニシリンの製造工程の改善や森永のキャラメルの実験などです．その後1950年に通研に入所したのは増山の推薦によるものです．通研では6年かけてベル研に先だってクロスバー交換機の開発に成功しました．制御因子（膜厚，組成，材料種類，寸法など設計者が自由に水準を変えることができる設計パラメータ）で実験を組んで，ノイズ因子（使用環境や劣化など設計者が設定できない因子）などを意図的に変えて，ノイズの影響を受けない設計を目指すというロバスト設計の考え方はそのときからすでにあったのです．電電公社に製品を納めていた沖電気，NECなどに実験計画法の指導をしていました．そこで使われた実験計画法ノートが品質管理文献賞を受賞しました．それが1960年のデミング賞本賞につながったのです．その頃の田口は朝香，石川，水野と距離を置いていましたが，いずれにしても，この頃日本の品質をリードしてきた先生は皆30歳代の若さであったところがすごいと感じます．田口はその後プリンストン大学に一年在籍し，新設の青山学院大学の理工学部の教授をしながら，日本企業に対する指導を精力的に続けていきます．

細川

敗戦でリセットが入ったのは大きなきっかけであったと改めて感じます．

田口

日本は幕末とか敗戦などドラスティックなことがないと変わらないですね．大学の先生たちが，敗戦後の荒廃の中で，学問として品質管理を研究したのではなく，企業の成長，日本の成長のために実践活用したという点が重要だと思います．

― SQC から TQC さらに TQM へ ―

細川

日本人はどうやって食べていくのか，日本をなんとかするという使命感があって，それが大きな発想の原動力になったのだと感じました．では次に戦後に米国から学んだ SQC や QC を日本独自に発展させて，マネジメントまで含めた TQM に至った流れを振り返りたいと思います．多くの欧米企業が検査で品質を確保するというやり方をしていた一方で，日本は QC や SQC を活用して製造プロセスで品質を作り込むというアプローチを取り入れました．それが大きな成果を上げたわけですが，それだけでは足りないという認識に至るきっかけは何かあったのでしょうか．多くの日本人は TQC や TQM は日本発の品質マネジメントの方法論であると思っていますが，実は最初に TQC を提唱したのが米国のフィーゲンバウムであり，それが 1961 年であると知って驚きました．日本はフィーゲンバウムの影響を受けたのでしょうか．

福原

1954 年に日科技連がジュランを招き，QC トップマネジメントコース，部課長コースを開催しました．ただ，その頃のデミング賞の選考基準は，“SQC を社内全部門に導入し活用していること”でした．

細川

つまりSQCを活用していれば受賞できたということですか？

福原

そのとおりだと思います．ジュランの来日以降を見ると，1962年にQCサークル活動が誕生しました．同年にQCセミナー経営幹部特別コースが開設されています．この頃からマネジメント，人を大事にした品質管理が重視され出したのではないでしょうか．私は1965年にトヨタ車体に入社し，トヨタグループのQCを学びました．“オールトヨタで品質保証”や“機能別管理と部門別管理の連携”など豊田章一郎の考えを朝香が徹底してサポートされたと感じます．朝香はトップ・部長層を厳しく指導されました．朝香先生を駅にお迎えに行ったときにフィーゲンバウムのTQC（1961年刊行）を枕にして寝ろと言われたことを記憶しています．1965年にトヨタ自動車がデミング賞にチャレンジしたときの“ひかりもの”は機能別管理をベースにした方針管理でした．フィーゲンバウムのTQCを日本流にアレンジしたのだと思います．

細川

日本企業の組織には合わないところがあるのでしょうか．

福原

組織連携でいうと，各部署にプロがいてそういう人たちが中心になって連携するという考え方になっているので，全員参加にはなりにくいのです．品質コストでも予防・評価・失敗コストの最適バランスと言われても答えようがありません．当時は日本の企業スタイルに合ったやり方に変えないといけないという話をしていました．

細川

一部の専門家が社員をコントロールするというイメージですね．

福原

朝香からフィーゲンバウムを読むようにと言われた意味は，内容をよく勉強して日本流にアレンジすることを考えよということだと認識しました．日本流TQCに至るきっかけとしては，フィーゲンバウムのTQC提唱は大きなインパクトだったと思います．

田口

1980年代，欧米が日本のTQCを下敷きにシックスシグマを構築したのと同じ構図ですね．自分たち流にアレンジして具現化するということですね．

福原

先ほども言ったように，1965年にトヨタ自動車がデミング賞にチャレンジしたときの“ひかりもの”は機能別管理をベースにした方針管理でした．それ以降のデミング賞実施賞の内容はTQMの推進になっています．アイシングループではTQCを全員参加の意味も込めて，カンパニーワイドQC（CWQC）という呼称を使っています．

細川

ところでTQCとTQMは違いがあるのですか？

福原

TQCのControlは統制という意味があるのでTQMの方がぴったりします．TQCからTQMへの本も出版されています．そういう議論がされた時期もありました．

田口

米国ではControlの統制というニュアンスが良くないので，1980年代以降に日本から学んだTQCをTQMと読み替えていました．米国の品質学会も

ASQC（American Society for Quality Control）からASQに変えています．管理をどう英訳するかですが，本質はマネジメントだと思います．

福原

1954年にQCトップマネジメントコースでジュランは全社的品質管理を講義しましたが，そのときにはTQCという言葉はありませんでした．朝香はフィーゲンバウムよりもジュランの影響を受けて全社的品質管理におけるマネジメントの重要性に気づかれたのだと思います．

田口

フィーゲンバウムの全社的品質管理は米国発ですが，米国企業は例えば管理図は一般企業では使っていなかったのです．先ほど申したとおり，使っていたのは一部進んでいるベル研などだけでした．ビッグスリーも管理図など知らない状態でした．品質は検査の責任という認識だったのです．生産台数でボーナスがアップするので品質が悪くてもどんどん作っていたのです．そうしているうちに日本車が売れだしたのです．デミング，ジュラン，フィーゲンバウムらの話をまじめに聞いたのが日本なのです．

細川

日本が戦後から1960年代にかけて，経済復興を目指して米国からSQC，QC，さらにはTQCを学び，それを自分たちに合うようにアレンジしたのが日本のTQMで，それがその後1980年代のJapan as No.1につながった歴史を理解することができました．日本製品が安かろう悪かろうから脱却できたのは1960年代以降ですか？

福原

1960年代以降の日本企業は競争力をもち始めました．例えば，日野自動車のコンテッサなどは世界でも十分に通用する車でした．実はトヨタのコロナは当初は十分な品質とは言えなかったのですが，1964 年モデルで大幅に品質が向上してトラブルもなくなりました．開発の仕組みの構築や機能別管理などの TQC 活動の成果です．以降，カローラ，セリカなどのヒット作が誕生しています．

細川

コピーマシンも同様の構図かと思います．当初は米国のゼロックスの独壇場でしたが日本の富士ゼロックスが本家のコピー機を超える品質を低コストで実現しました．その原動力となったのが TQC によるマネジメントと田口流実験計画法です．その後，リコーやキャノンが参入し，日本勢が世界シェアのほとんどを占める競争力を実現しました．

― 人を大切にする日本式 TQM ―

福原

トヨタでもう一つ忘れてはいけないことがトヨタ生産方式です．トヨタ生産方式では製造現場で働く人々のやる気を大切にしています．つまり人質管理をやっていたのです．その前に創意工夫の提案制度がありました．それを発展させたのがトヨタ生産方式です．そういう活動も含めて人を大事にするマネジメントの TQM が育ってきたのです．

細川

フィーゲンバウム流の TQM に人を大切にする要素を入れたのが日本の独自性であり，それは国民性に根差しているのですね．

田口

だから欧米では TQM ではなくシックスシグマになったのです．TQM はウエットで性善説的なので欧米になじまないのです．契約社会だからシックスシグマになったのです．米国では 5 時すぎてからボランティアで QC サークルなどできません.

福原

米国の200名弱の製造工場で，自分の作業をラクにする工夫を楽しむことを訴えたら創意工夫が大幅に増え，工程不良が激減した例があります．日本とアプローチの仕方を多少変えたのですが，動機付けがうまくできたら米国でも通用すると感じました.

細川

国民性や文化を考慮してマネジメントと仕組みを導入しないと，納得感が得られないので効果も出てこないということですね．1960年代の日本はそれをうまくやって，1980年代の黄金時代を実現したということが理解できました．QFDや田口流実験計画法などの日本独自の技法の活用が進んだのもこの時期だと思いますが.

― 日本発の技法・手法が世界で注目された ―

福原

品質機能展開（QFD）の本が出版されたのが1978年です．水野，赤尾が三菱の神戸造船所で顧客要求と製品機能を合わせるという発想をされました．それがQFDへと発展したのです．私のQFDは1968年に計測管理からヒントを得ました．慶應義塾大学の富沢先生が講演で，市場の使われ方と生産の仕組みをドッキングさせるのが計測であると話されました．つまり計測精度の高さよりも市場の使われ方の評価の方が大事というようなことを言われたのです．1970年にそれを実際に実践したレポートを富沢先生，水野先生に見ていただいたら，こういう事例は初めて見たと言われて喜んでもらえました．そのときは2元表ではなく，市場のVOC（Voice of Customer）と技術特性を線で結んでいました．その後，マトリックスにして品質表にしたのです.

細川

発想から実践へ入り，実践を通じて発展させることで技法として確立したものになるという流れは品質工学とも共通性があると感じます．田口がフィッシャー流の実験計画法の偶然ばらつきから脱却して外側に水準設定可能なノイズ因子を割り付けるという発想をしたのもこの頃ですか？

田口

内側の制御因子と外側のノイズ因子の直積実験による積極的な交互作用の利用の概念は1950年代の伊奈製陶のタイル実験からです．まだノイズの影響を受けない度合いの尺度であるSN比はありませんでしたが，ノイズの影響が小さい設計条件を求めていくという姿勢は不変です．

細川

初めから田口流の実験計画法や品質工学から入るとノイズ因子の概念がいかに画期的だったのかがわからないと思います．フィッシャー流の実験計画法では偶然ばらつきが存在する中で，取り上げた因子の効果を統計的に把握します．偶然ばらつきの分布を仮定して検定を実施するという流れですが，田口先生は統計の前提である偶然ばらつきを用いた検定を否定したのですから統計分野の方々が田口先生の考え方に納得するのは難しいと思います．

田口

偶然のばらつきの中で真の姿を求めたいというのがフィッシャー的なのです．つまりサイエンスなのです．検定は本当に効果があるのかないのかを問題にしている．偶然のばらつきではなく，製品やサービスの機能にはノイズ因子があると田口が主張したのですが，統計学者とすごい議論になりました．米国の統計学者は田口の言っていることがミステリアスであるとまで言っていたのです．つまり技術的な目的であるロバスト性は統計の常識からは理解しづらいのです．タグチメソッドが欧米に紹介された1980年代のことです．

細川

品質工学は統計ではないという意見は行き過ぎと思っていましたが，そこにはこういう歴史が背景にあるということなのですね．1970年以降のドルショックやオイルショックなどの危機を乗り越えて日本が経済成長を持続できたのは，終戦後から構築したTQMによるマネジメントや日本発の技法が大いに役立ったと理解しました．では次に欧米が日本から学んだ1980年代の米国企業の状況について教えてくれませんか．

― 欧米は日本式TQMを学び進化させた ―

田口

デミングがTV出演した後の1980年頃にフォードがデミングを招聘しました．当時は日本車がコストと品質で勝り米国での売り上げを伸ばしていました.デミングの指導でASI（American Supplier Institute）の前身であるフォードサプライヤーインスティテュートができたのです.その頃,デミングはフォードやサプライヤーのリーダーに日本に行って日本企業が何をしているか学んで来るように言ったのです．それに対して日本企業は惜しみなく教えてくれました．当時，年に1回は日本企業から学ぶためのミッションチームが訪日していました．

フォードが当時の日本電装を訪問したときに田口式実験計画法を見て驚いたのです．それまで実験計画法を見たこともなく，標準偏差も知らない状態だったので当然驚くわけです．日本電装が田口から学んでいると聞いて，フォードも田口を招聘したのです.それがきっかけで1982年から田口は年に2回フォードで実践指導をしています．ベル研や米国のゼロックスで指導を開始したのもこの頃です．このような経緯でTQMとともに品質工学も欧米に入っていきました．

細川

福原先生が米国企業で指導されたのもこの頃と聞いています．

福原

10年で40回米国に行きました．米国企業での指導で自分自身も大きく成長しました．彼ら彼女らはわかるまで質問を続けるのです．それで互いにスキルアップする．

細川

日本人との違いはありますか．

福原

日本人はあまり質問せずわかったような顔をします．

田口

欧米人の方が個人的な向上心があると感じます．

細川

教育の影響もあるような気もしますが．

田口

ありますね．米国では人と違う意見，自分の意見をもつことが良いことなのです．

細川

日本人は正しく，みんなと同じ答えという意識が強いです．そのように教育されてきているので．その違いが大きいのかとも感じます．

福原

それは大きいです．

田口

もちろん農耕民族的な強みもあると思いますが．それが悪い方に出てしまうと良くないのです．

細川

敗戦後の焼け野原の中で失うものがなく，過去もリセットされて，新たに学んでチャレンジするしかなかったという特殊な状況が，新たな発想で日本をリードする方法を生み出したのかとも思います．そこにチームワークという日本人気質が加わって80年代の黄金時間が実現したのですね．

田口

そうです．それと同様の危機感が1980年当時の欧米にはありました．このままだと日本に負けてしまうという危機感です．日本には負けないという意思と同時に自分たち流に変えるしたたかさがあります．また欧米はスティーブ・ジョブズに代表されるクリエイティブ精神があります．いずれにしても，結局はリーダーシップの問題なのでしょう．日本にも戦後まもなくはソニー創業者の盛田昭夫やホンダ創業者の本田宗一郎のような創造性とチャレンジ精神をもったリーダーが大勢いました．

― 日本企業が競争力を失った要因 ―

細川

1980年代に欧米は危機感をもって日本に学び，それをベースにしながらシックスシグマやDFSSなどの欧米文化に合わせた仕組みやマネジメントの方法論を構築し，競争力を取り戻したという流れですが，1990年にジュランが来日してそれを予測しています．

“欧米は現在新しい戦略を採用する途上にある．この中の幾つかは品質の革命的な改善をもたらす可能性がおおいにある．1990年代は日本の品質革命がはじめて重大な挑戦を受ける10年になると思う”［出典　近藤良夫（1993）：

全社的品質管理―発展と背景，日科技連出版社].

これを最近になって知って驚いたのですが，当時の日本には危機感がまったくなかったと思います．現在は日本が構築したマネジメントの方法論であるTQMは衰退してしまいました．また，品質工学やQFDなどの技法の活用度も低下しているという現実があります．こうなってしまった要因は何でしょうか．

福原

一言で言えば平和ボケではないでしょうか．私たちの頃はとにかく必死でした．ところが今の幹部社員は企業が大きくなってから入社してきたから，自分たちはトップにいると思い込んでいる．そうすると進歩がなくなり，必死さもなくなってしまいます．団塊時代の教育を受けた方々が親になって，その子供たちが企業でマネジメント層になっていますが，当時とは意識がまったく違います．私たちの時代は，デミング賞は入学試験に合格したと思えと教えられていましたが，デミング賞をとった，日本品質管理賞をとったから自分たちは品質管理をわかっていると思い込んでいる人がたくさんいる．そして外部から学ばなくなってしまいました．それでは刺激がなくなるし進歩が鈍化してしまいます．そう私は思っています．このような状況で大学の先生も企業へ指導に行くチャンスを失ってしまいました．昔の特長であった産学共同もなくなってきています．その影響も大きいでしょう．

細川

その一方で欧州の品質分野では産学連携が進んでいます．QMODという欧州を中心とした品質の国際会議に参加したのですが，そこでの議論は仕組みやマネジメントが中心になっています．そして，最新の仕組みやマネジメントの考え方を大学の先生が企業に入って実践するという連携が回っています．産学連携は日本よりも欧州の方が進んでいる印象です．

福原

デミング賞のレベルも下がってしまったと思います．なぜならば取得が目的になっているからです．昔の本質を逸脱しています．刺激がなくなってきています．価値を認めないのではなく，自分たちはわかっている，できていると思い込んでいるところに問題があります．そして産学で勉強する風潮がないこと，競争するのは良くない，運動会はみんなで手をつなぐと育った子供がマネジャーになっています．これらがボディーブローのように効いています．

田口

QC検定が流行っていて，QC教育はそこに丸なげになっています．何名受かったかが目標になっていますが，それでQC的なものが根付くか疑問です．

細川

貴重な話をどうもありがとうございます．日本が築き上げた良い考え方や仕組みを今一度振り返り，良いものを残しながら，それを時代の変化に合わせて進化させていくことが大切であることを改めて実感しました．本書がその指針になることを期待しています．

1.2　人財育成について

要旨

自律型人財と称して人財育成を個人に任せてしまう企業が増えています．人財育成の目的は組織力の向上であり，組織力を向上さる目的は経営課題の達成です．組織力を維持・向上させるためには計画的な人財育成が欠かせません．人財育成には日常業務の効率や質を高めるために全社員が修得するベーシックと専門性の高い技法の修得の二つがあります．

SQCなど日常業務で活用する手法は全員が学ぶべきものです．品質工学のような専門性の高い技法は，組織的な狙いをもって計画的な人財育成が効果的です．多くの日本企業で人財育成の課題を抱えている現実があります．ここでの議論を人財育成の方針の再構築に参考にしていただければと思います．

― 企業における人財育成の課題 ―

細川

品質工学や QFD を活用するためには人財育成が必須ですが，自律人財育成を目的として，社員がたくさんある講義の中から自由に選択して受講するという方法を採用している企業もあります．この方法ですと人財育成の目的が明確になりにくいという問題があると思います．

福原

人財育成をどう見るかです．技法の必要性での教育もありますが，将来に向けて考える場合，こういう仕事にはどういうスキルが必要かという職務記述書があってしかるべきです．この職場にはこういう手法の A クラスのスキルをもった人が何名必要かということが決められているイメージです．それに対して不足する場合は必要な人間を育てる．勉強しようという人を勉強させるのではなく，組織にとって必要な人財を確保する．

各部門で必要な知識をもった人が必要な人数だけいるかを評価する．それを補充しないといけないと思う上司か，忙しいから教育させる暇がないと思う上司か，これは上司の判断です．自分たちに必要な教育を受けさせるのか，個人が知識を増やすために教育を受けるのか，教育には二つあります．社内教育のあるべき姿は前者であるべきです．

知識をもった人が近くにいれば，知識の少ない人でもそこからアドバイスをもらって仕事をすれば，上流で品質確保などの意識を OJT（On the Job Training）でもたせることができます．それを個人に委ねてしまうと人財育成が成り立ちません．

— 組織力を高めるための人財育成 —

細川

何のための人財育成かが重要ということですね．個人の判断でスキルアップではなく組織力のためということであり，組織目標を達成するために組織力が必要で，組織力のための人財育成と理解しました．その目的なしに個人が自由にセミナーを選択しても効果的な人財育成にはならないということですね．

福原

そうです．職場ごとに考えると，自分は品質工学が得意だけれど多変量解析がわからないという人はたくさんいる．こういうときにはこういう手法が効果的と言ってくれる人が近くにいればいい．全部できる人はいないので．

細川

幅広い知識をもった人はいますが，十分な経験を積んだとなると特定の手法や技法になります．

福原

どういう人財が必要かを各職場で明確になっていることが大事です．

細川

スキルの伝承も難しい企業が多いかもしれません．例えば工場が海外に移転してしまったために管理図や抜取検査などの製造現場のSQCのスキル伝承ができていない企業も多いかと思います．QC検定などで知識をもった社員はいるでしょうが，実務活用経験がなければ教えることも難しいし，ましてや業務活用のアドバイスなどはさらに難しいでしょう．品質工学のスキル伝承も難しい企業が増えていると思います．個人に任せた人財育成は伝承という意味でも問題があります．

福原

昔流の言い方ですと，会社の中の資格要件の中にそれを入れてある．入社5年くらいまでは基礎を学ぶ期間なのであまり差をつけない方が良いが，5年くらい経つと各自の特性が見えてくるので得意とするところを伸ばすという考え方をしていました．そういう人間が職場の中にいてくれればいい．そういう教育計画をする．それを満足しないと資格があがらない人事制度となっていました．その中で教育の機会を与えない上司は上司落第の烙印をつけられるのです．

細川

マネジメントで最も重要なことが人財の育成であり，目の前の問題を解決しろと尻を叩くだけの上司は失格ということですね．

福原

教育の機会をたくさん与えて，興味のある人は参加しなさいとしている企業をたくさん見てきましたが，それではまったく組織力にはなりません．

田口

何百もあるセミナーを個別に受けるでは方向性が合わなくなってしまいます．欧米のDFSSの手法活用は，最初は下手でもいいから同じ方向に向かうようにしています．かつて欧米は同じ方向を向くことが不得意だったのですがシックスシグマやDFSSでそれができるようになりました．最近ではインドや韓国，中国でもDFSSの活用が進んでいます．

細川

日本の方がむしろ昔の米国のように個人主義になってしまったと思います．

田口

欧米の個人主義はそのままですが，仕組みによってベクトルを合わせることができるようになりました．だからかえって強くなります．日本の場合はリーダーシップの問題ですね．5年ほど前にデミング賞を受賞したインドのある企業をこの3年ほど指導していますが，CEOのリーダーシップでうまくやっています．まさに彼らなりに品質を企業文化にしています．

細川

人財育成や方針管理などかつての日本企業が実践してきた良いものを継続している企業は強いのでしょう．新しい技法や仕組みの導入に加えて，かつての日本企業の良かった取組みを再度取り入れることも大切ですね．人財育成の目標設定など良い方法を教えてください．

福原

手法，技法を先にもってこない方が良いでしょう．良い結果を先にもってくると良いのです．活用を前にもってくるといやがる人はいやがる．手法や技法が先にありきではないので．

細川

技術開発や設計品質，フロントローディングという視点を先にもってくるということですか．

福原

そうです．結果としては同じことになるにしても入口を工夫すると良いでしょう．

田口

DFSSでも手法や技法ありきではなくテーマありきとなっています．テーマを選択してからチームを編成し，テーマごとに必要な手法･技法を決めて，テーマ活動を開始します．例えば顧客要求がわかってないところで最適化しても意味がないなど，テーマの背景と目的を十分に検討することが大切です．

福原

機能別管理の機能で考えればＱとかＣとかＤに明確なアウトプットが設定できます．その目標達成を効果的に進めようとすると，仕事の進め方や仕組みが必要になりますが，その仕組みを動かすためにはスキルが必要になるのです．そのスキルはその組織に新人が入ってきてもレベルを落とすわけにはいかないので，常にレベルを上げる工夫をしないといけないのです．そのために人財育成の機能や働く意欲をもたせるモラル機能が人事機能の中にあるべきなのです．

細川

QCD 目標をスムーズに達成すること，その次に手法や技法が出てくるということですね．

福原

手法や技法は仕組みを動かすための武器です．固有技術が高ければ高いほど，それにふさわしい武器をもった方が良いのです．鬼に金棒です．そこに反対する人はいないでしょう．それをどう実現するか，個人のスキルではなく組織力をつけることが大切です．

細川

例えば設計効率化と人財育成の方針や目標を分けて設定してはいけないということですか．個別に目標設定するケースが多いと思いますが．統一感がなければ総合力にならないと理解しました．

福原

ずいぶんと古い話ですが雑談で朝香先生に「教育の効果を，仕事の仕方が変わったかどうかで測ってはいかがでしょう」と提案したら面白いねと言われました．人財育成の管理項目は教科書に書いてない．セミナーを受けたけどその後仕事の仕方が変わったのか半年後に上司にアンケートをして，それを評価する．そうすると理解力とカリキュラムの両方の反省になります．

細川

QC検定3級何名合格というような目標設定はどうでしょうか．

福原

うちの会社の仕事をするには全員これくらいの知識をもってないと，これくらいのことは社内で使う標準語ですということであれば全員対象の教育になります．ただし，合格することを目的にするのではなく，人財育成全体の中のベーシック知識修得の手段の一つに位置付けることが前提です．

細川

それは日常業務で使う必要な知識であり，それを知っていることを前提に社内での会話がされるということですね．

福原

そうです．それより専門性の高い品質工学や多変量解析は全員が修得するスキルではなく，ベーシックを勉強した人たちの中から育つ．そういう人たちが集まることで組織力を維持するという発想です．

細川

経営課題の達成のために組織力が必要であり，組織力を維持するために人財育成がある．さらに人財育成には日常業務を進めるために全社員が修得するベーシックと専門性の高い技法の修得の二つがある．日常業務で使うSQCなどは全員が学び，品質工学のような専門性の高い技法は，組織的な狙いをもった計画的な人財育成が効果的である．そして，組織力とは個々の社員がもつ能力の合計をはるかに超える能力を実現する手段であると理解しました．

1.3 トップマネジメントについて

要旨

TQM はトップダウンでの実施が前提ですが，その意味は組織トップから一方的に下に向かって指示命令を出すことではありません．トップ自らが経営課題の達成に向けた PDCA を効果的に回すことが TQM の基本です．そのためには，現場の状況を把握することが大切です．本節では，総合力を発揮して経営課題を達成するためのトップマネジメントのあり方を考えます．

― 方針管理の質を上げる重要性 ―

細川

社長と各部門のマネジャーとの接点の場として，トップ診断が最も重要な場面かと思います．トップ診断の狙いは各部門の活動の進捗をトップが把握し，状況に応じて何らかの指示をすることと思っていたのですが，そうではなくてトップ自身が PDCA を回すことが狙いであると聞きました．トップが設定した経営課題を達成するための目標と方策などの方針が現場で狙い通りに展開されているか，されてないとしたら方針の設定が悪かったのではないかなど，トップ自らが PDCA を回すことがトップ診断の狙いなのでしょうか．

福原

トヨタ車体ではトップ診断を年に 6 回はやっていました．特に苦戦しているテーマを選び，一つのテーマで半日くらいかけることもありました．社長，副社長，そのテーマに直接関係ない役員が点検団，テーマに関係する部署の役員は点検を受ける側でキャッチボールをやります．Audit という言葉は使わず Diagnosis という言葉を使います．Audit と言うと悪さの指摘ばかりの印象を与えてしまいます．診断書と処方箋まで書くのがトップ診断のポイントです．人，モノ，金を動かすのはトップの専管事項です．

福原

QCセミナーで，"良いプロセスが良い結果を生む"と教えられてきたのですが，"良い結果を生む良いプロセスを検討せよ"と言い換えて徹底していました．良いプロセスを構築することが方針の重点実施事項になっているのですから．先生方の指導が効いているのだと思います．

細川

トップが出した方針が現場でどういう状態であるべきかのイメージをトップ自らが描いているということですね．丸投げではなく．

福原

そこまでやらないと方針管理にはなりません．ある企業の社長が，「自分は抜きうちで現場にいくよ．それで，この人に任しておいても期待できないと判断したら上から順番に対策をとる」といつもマネジャーたちに言っていました．トップは，報告者は精一杯やっている状態を報告してくれているというふうに聞くという意味です．報告の内容が陳腐だと"これがベストの状態"なので変えないと期待できないとなる．こういうことを口癖で仰っていた．あるとき，担当役員を変えられた例がありました．

細川

それは社長でしかできないことですね．それだけ現場を把握しているということかと思いますが．

福原

よく見回っています．もう一つ特徴的なことは，トップ診断が計画された時点から関係部署は徹底して挽回策を図ります．診断では「○○が遅れています」ではなく，「○○が遅れているので××で挽回策を講じています」と報告することを習慣付けられています．それがベストの活動を報告するという意味なのです．

細川

トップ自らがPDCAを回すことの意味は，現場を把握した上で組織のトップを変えることまで含めたものであると理解しました．

福原

TQMの基本はトップダウンです．納得できるトップダウンをするためには良いミドルアップが必要です．ミドルアップで現場の状況が上がってくる，それをミドルアップトップダウンと呼んでいます．各部門の部長から機能総括部門へ課題がレポートとして提起されます．現場とトップの中間を取りもつのが機能総括部門です．品質を対象にした場合は，品質保証部門がその役割を担っています．あそこの部署は怠けているという報告は絶対に上げません．こういうところで苦戦しているという情報を機能総括部門からレポートとして毎月トップに上げます．さらに毎月の経営会議で議論がされます．

細川

組織が大きくなると大変ではないですか．事業が成長して組織が大きくなると分業が進んで丸投げ状態になってしまう懸念がありますが．

福原

組織が大きくなったら製品ごとの社長がいて，それらの総合体での社長がいるという体制にします．

細川

ヒエラルキー型の組織は上から下に一方向で伝達する指示命令型のマネジメントがマッチしますが，それだけでは社員の創意工夫や創造性を効果的に引き出すことは難しいと思います．社員の創意工夫や創造活動なしには大きな経営課題の達成は困難です．大きな経営課題達成のためにヒエラルキー型組織を効果的に活かすのが方針管理マネジメントであると理解しました．

本章のまとめ

本章では日本の品質管理の歴史を振り返り，欧米（特に米国）との関わりの中で日本がJapan as No.1と呼ばれるまでに経済発展した経緯と，その後の失われた30年における日本企業と海外企業のマネジメントの方向性の変化の違いについて議論しました．さらに，品質工学などの技法を組織力に結び付けるための人財育成の方法，経営課題達成のためのTQMを効果的に実施するためのマネジメントのあり方について議論しました．

・戦前の日本製造業の製品の品質レベルは欧米に比べて相当に劣っていた．
・敗戦後，米国からの要求で品質管理を導入し，日本製造業の量産品質が飛躍的に向上した．
・さらにTQM，QFD，品質工学などの日本発の仕組みや技法を生み出し，世界トップの工業立国となった．
・日本製造業が生み出す圧倒的な製品力に欧米企業が危機感をもち，日本企業の強みはTQMによる組織力と品質工学やQFD活用による業務の質と効率の両立向上にあることを学んだ．
・欧米企業は日本から学んだTQM・品質工学・QFDなどの仕組みや技法をそのまま導入せずに，自分たちの文化にあった仕組みに再構築した（その代表がシックスシグマとDFSS）．
・一方で日本企業は自らの強みであったTQMによる組織力に力点を置いたマ

ネジメントから，個人の自律性に力点を置いたかつての欧米流のマネジメントにシフトさせた．同時に品質工学やQFDなどの活用が低下し，人財育成も個人の自律性に任せるようになった．
・このような欧米を中心とした海外の製造業企業と日本の製造業企業の方向性の違いが失われた30年の要因の一つである．

【今後の日本製造業の課題】
・日本が生み出した良い仕組みや良い技法を活用すること
・欧米など海外企業から学び，良いところを取り入れること
・時代の変化に合わせて日本企業にマッチした仕組みや技法を構築すること
・組織力に力点を置いたマネジメントの仕組みを再構築すること
・各技法や仕組みを経営課題の達成のための手段に位置付けること

参考文献

1) 西堀栄三郎（1979）：西堀流新製品開発—忍術でもええで，日本規格協会
2) 小浦孝三（1990）：品質管理年表，品質管理，Vol.41，No.12，p. 82，日科技連出版社
3) 北原貞輔，能見時助（1991）：TQCからTQMへ—さらにIMQへ向かって，有斐閣選書

第2章　技術開発フェーズの質を高める
～技術開発に求められる基本的な取組み～

本章の要旨

第1章では日本企業が世界トップの産業国にまで上り詰めるに至った成功要因とその後の失われた30年から見えてくる課題を企業の内側視点から明らかにしました．現在はお客様の期待を超える製品を継続的に提供しなければ事業を成長させることができない時代であるという認識が必要です．西堀が説かれた“競争ではなく競走である”の教えが求められています．本章では最初にお客様の期待を超える製品とはどういうものかを明らかにします．さらにお客様の期待を超える製品を実現するためには，仕組みを構築し，その中で各種技法を活用することが重要であることを説明します．

2.1　お客様の期待を超えるとは

2.1.1　一元的品質

お客様の期待を超えるとはどういうことなのかを世界的に有名な図2.1の狩野モデルで説明します．狩野モデルでは三つの品質を定義しています．一つ目が一元的品質です．一元的品質は充足度が向上すると，それに伴って，お客様の満足度も高まります．例えば自動車の燃費です．燃費が良ければ良いほどお客様の満足度が向上します．かつては各社とも従来の延長での似たような技術を使って，製品設計を実施していたので，燃費についても各社で大きな差はありませんでした．横並び競争で事業を成長させることができたのです．しかし，現在ではトヨタのハイブリッドエンジンやマツダのスカイアクティブエンジンのように自社独自の技術を製品設計に投入して，他社との差別化をはかりながらお客様の期待を超えていくことが必須の時代になっています．それが図2.1の感動レベルです．

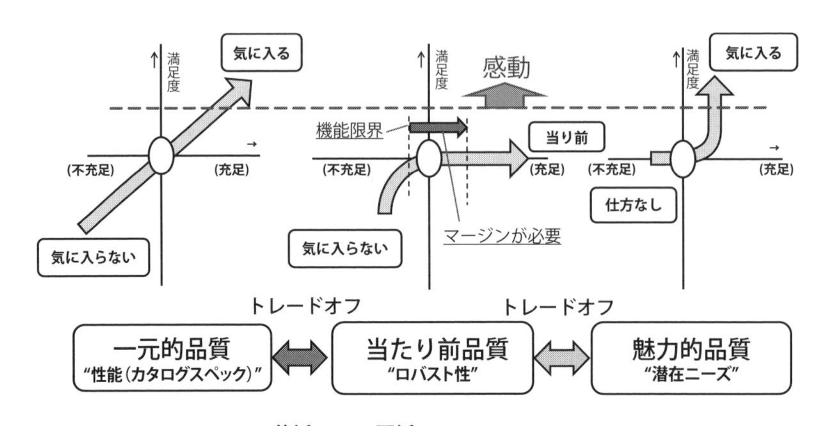

図 2.1　狩野モデルによる品質の定義とロバスト性

出典　細川哲夫（2020）：タグチメソッドによる技術開発～基本機能を探索できる CS-T 法，日科技連出版社, p.12 の図 1.6 に一部加筆

2.1.2　魅力的品質

お客様に感動を与えるもう一つの方法は魅力的品質を実現することです．魅力的品質とは充足されていなくてもお客様の満足度の低下はありませんが，充足されると急激に満足度が向上するというものです．かつてのソニーのウォークマンがその代表例です．ウォークマンが登場する前は，音楽とは家の中で聞くのが常識でした．外で歩きながら，あるいは運動しながら高音質の音楽が聴けないというクレームなどありませんでした．ところがそれが実現されると，お客様の満足度が急上昇したのです．

ウォークマンは技術的には新規性がなく，企画のブレークスルーによって魅力的品質を実現した製品と言えます．技術的なブレークスルーで実現した日本初の製品としてはカップヌードルが挙げられます．カップヌードルが登場する前までは，外で寒い中，歩きながら温かくておいしいラーメンを食べることができないというクレームはありませんでした．ところがそれが実現すると，お客様の満足度が急上昇し，感動を与える製品となったのです．

2.1.3　当たり前品質

三つ目が当たり前品質です．当たり前品質は充足度が上がってもお客様の満足度は向上しません．例えば複写機やプリンタの用紙詰まりです．用紙詰まりの頻度を1年に1回から2年に1回に改善することは技術的にはかなり難易度が高いのですが，それを実現してもお客様の満足度はほとんど向上しません．ところが，毎日のように用紙詰まりが発生すると，不満が増大してクレームになってしまいます．

このように，不具合が当たり前品質の代表例なのですが，製品購入時から不具合が発生するような製品は今どきありません．お客様が当初想定していなかったような様々な使い方をする，あるいは，ある一定期間以上使用した後に不具合が顕在化します．例えばお客様が想定よりも薄い用紙や，厚い用紙を使ったケースなどでは用紙詰まりが発生する頻度は高まります．このようにクレームとなるお客様の使用条件の水準や使用期間を機能限界と呼びます．当たり前品質は機能限界までのマージンとも言えます．当然のことながら，このマージンがぎりぎりでは市場でのクレーム発生を避けることができません．品質工学の骨格の概念であるロバスト性とは，この機能限界までのマージンのことなのです．

2.1.4　当たり前品質の重要性

ここまで書くと当たり前品質を向上させてもお客様に感動を与えることができないように思えますが，実はそうではないのです．重要なことは，多くの場合，一元的品質と当たり前品質がトレードオフするということです．例えば，複写機やプリンタの1分当たりの印刷可能枚数は，多ければ多いほどお客様満足度が高まる一元的品質です．実は，時間あたりの印刷枚数を多くすること自体は簡単です．用紙を送る搬送速度を速くすれば良いのです．ところが，用紙の搬送速度を速くすればするほど用紙の挙動が不安定となり，用紙詰まりの頻度が高まります．つまり，当たり前品質である機能限界までのマージンが狭くなります．これが一元的品質と当たり前品質のトレードオフの例です．

一元的品質の代表はカタログに掲載される性能ですが，このように性能とロバスト性はトレードオフしてしまうことが多いのです．よって，一元的品質でお客様に感動を提供するためには，その前提として事前に十分なロバスト性，つまり当たり前品質を確保する必要があるのです．品質工学の代表的な手法であるパラメータ設計の目的は性能を維持しながら，ロバスト性を改善することです．そのためにパラメータ設計ではノイズ因子と呼ばれる，機能を乱す要因を積極的に取り上げます．例えば，用紙搬送ではノイズ因子の第一水準 N1 を薄紙，第二水準 N2 を厚紙のように設定して，薄紙でも厚紙でも搬送の機能をできるだけ安定化させるアプローチを実施します（付録 2, 3 参照）．

ここまでは一元的品質と当たり前品質のトレードオフを説明しましたが，技術的な手段で魅力品質を実現する場合は，当たり前品質とトレードオフ関係になることが多くなります．

2.2 手法と技法の違い

ここではものづくりプロセスを効率化する，あるいは業務の質を向上させる手段としての手法と技法の違いを説明します．

2.2.1 手法とは何か

手法の例として統計的品質管理（SQC）で使われる単回帰分析を取り上げます．図 2.2 は複写機の心臓部である画像を形成する感光体を回転させるモーターと歯車からなるモジュールです．ここで，感光体の負荷を大きくしていくと，ギアを回転させるトルクが大きくなり，その結果としてギアの摩耗速度が速くなります．その測定結果の例を表 2.1 に示しました．

この例のように原因系の説明変数であるトルクと結果系の目的変数である摩耗速度の間に明らかな因果関係がある場合に単回帰分析を実施します．単回帰分析で得られた回帰直線とその式が図 2.3 のグラフの中に示されています．ここで回帰直線とはグラフにプロットされている摩耗速度の 6 つの実測値との乖離が最も小さくなる直線です．さらに単回帰分析では，得られた回帰直線の有効性を統計的仮説検定により判断します．この例では回帰式の信頼度を示すp値と呼ばれる確率の値が0.000722となり0.05（5%）以下なので，図2.3の回帰式は有効であると判断します．

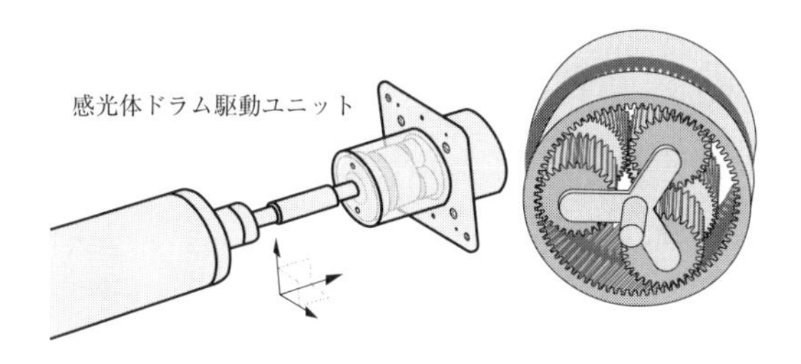

図 2.2　複写機のエンジンで使われるモジュール

表 2.1　測定結果

No.	Y（目的変数） 摩耗速度 (mm/10k)	X（説明変数） トルク (Nm)
1	0.0471	0.075
2	0.0820	0.125
3	0.1150	0.175
4	0.1300	0.225
5	0.1410	0.275
6	0.1624	0.325

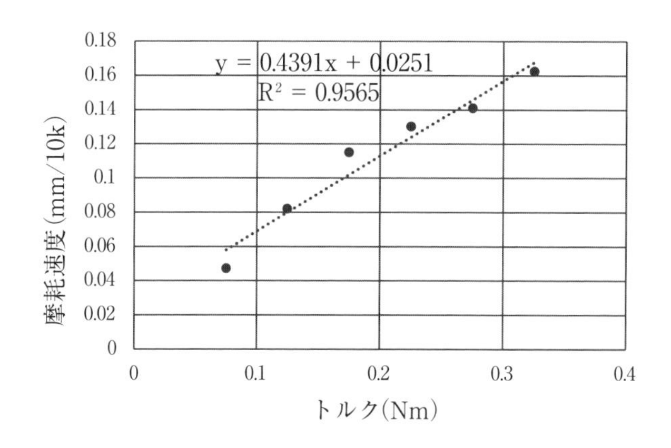

図 2.3　速手結果から得られたグラフと回帰式

以下に単回帰分析などの手法の特徴を挙げます．

① 正しい手順で正しい結果を得る

ここで取り上げた単回帰分析は，正しい手順で実施すれば正しい解答を得ることができます．当然のことながら元のデータが同じであれば，誰が実施しても同じ結果となります．

② 知識だけで実施可能

単回帰分析における分散分析のように，解析結果がもつ意味に関する知識があれば誰でも実施可能です．

③ ツール化できる

多くの場合，計算プロセスが決まっているのでツール化が可能となります．実際にエクセルの分析ツールを使えば，一瞬のうちに単回帰分析における統計的仮説検定の結果が得られます．

このように手法は，すでに存在するデータや制御因子を取り上げたアプローチなので，発想や工夫の必要はありません．個々の技術者が日常業務の中で使うツールが手法と言えます．

【単回帰分析とは】

説明変数 x と目的変数 y との間に因果関係があることを前提に，両者の関係を一次式 $y = \alpha + \beta x$ で表現し，説明変数 x の値から目的変数 y の値を予測することを目的とします．図2.3において，6つの実測値との y 軸方向のずれが最も小さくなる一次式を回帰式と呼び，回帰式で描いた直線を回帰直線と呼びます．この回帰式の信頼度を統計的仮説検定で判断することを単回帰分析と呼びます．

統計的仮説検定の結果の信頼度がある一定値以上であれば，導いた回帰式を予測に使うことができます．前記の例では図2.3の回帰式から摩耗速度をトルク値から予測できると判断します．説明変数が2つ以上ある場合は重回帰分析を実施します．

【統計的仮説検定とは】

すべての計測値には偶発的なばらつきが影響していることを前提として，得られた計測値が偶然ばらつきによって得られた値なのか，何らかの要因が寄与して得られた値なのかを判断することを目的とします．図 2.3 の回帰式の係数 β の真値はゼロであると一旦仮定し，偶然ばらつきによって $\beta=0.4391$ となる確率（p 値と呼ぶ）を算出します．一般的に p 値が 5% 以下であれば，それはばらつきの中で偶然得られた値ではなく，何らかの要因が寄与していると判断します．

図 2.3 の例では p 値が 5% 以下なので，β の値 0.4391 はトルクと摩耗速度の間に因果関係があり，その結果として得られたものであると判断します．この統計学が前提としている偶発的なばらつきを否定して，ノイズ因子を導入したことが品質工学の特徴です（付録 3 参照）．

2.2.2　技法とは何か

品質工学の代表的な技法である機能性評価（ロバスト性の評価）を取り上げて技法の特徴を説明します（付録 3 参照）．図 2.4 に機能性評価の枠組みを示します．機能性評価の最初のステップでは対象システムのほしい出力である計測特性 y を定義します．この例ではボールペンを題材として取り上げていますので，この計測特性 y は，お客様がボールペンに対して求めているものを計測特性 y に変換したものです．

計測特性 y を定義した後は計測特性 y の値を変える入力 M と入出力の関係を定義します．この入出力関係を目的機能と呼びます．さらに定義した入出力関係を乱すノイズ因子を決定します．ノイズ因子による入出力関係の乱れを評価するのが機能性評価の狙いです．以下に技法の特徴を挙げます．

①　発想や工夫が必要

図 2.4 で示すように機能性評価では，考え方の枠組みは与えられているものの，その具体的な中身は技術者が発想する必要があります．また，目的機能とノイズ因子を発想できたとしてもそれを実現するためには新たに計測治

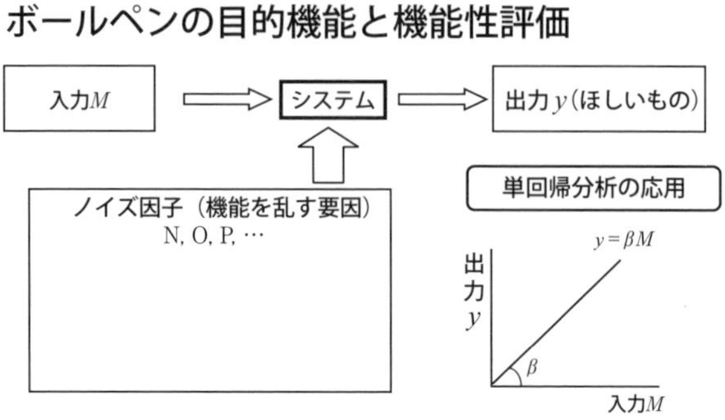

ボールペンの目的機能と機能性評価

入力M

システム

出力y（ほしいもの）

ノイズ因子（機能を乱す要因）
N, O, P, …

単回帰分析の応用

$y=\beta M$

出力 y

β

入力M

図 2.4　機能性評価の枠組み

具を作る必要がある場合もあります．新たな治具を作るためには工夫が必要になることもあるでしょう．

② ツール化が難しい

単回帰分析では，入力された数値情報を決められたアルゴリズムで処理することによってアウトプットを自動的に出力させることができます．一方，ボールペンの目的機能を決められたアルゴリズムで定義することはできません．

目的機能の定義については，過去の事例がたくさん存在するので，それらを参考にすることはできますが，最終的には各テーマに合わせて自分なりに考える必要があります．つまり，事例から学びながら，それを自分たちの課題に応用するアプローチが必要なのです．よって，目的機能を自動的に定義するツールを実現することはできません．

③ 人によって結果が異なる

図 2.4 の機能性評価の例でわかるように，計測特性 y，入力 M，ノイズ因子は，それを考案する人によって変わります．ここには，単回帰分析のように正しい答えという概念が存在しません．正しい結果を得ることが目的ではなく，役立つ結果を得ることが目的となります．

④　知識だけではすぐに業務活用が難しい

ボールペンの機能性評価の例でもわかるように，ほしい出力は何かと問われても，すぐに発案することは難しいものです．前述したように様々な事例に触れることに加えて，業務での活用経験を積むことによってスキルアップしていくことが求められます．また，初心者が一人で考えてもなかなか良い発想には至りません．OJT での実践を通じて学ぶことの必要性がここにあります．さらに，チームワークで発想を膨らましていくことも効果的です．

このように技法の活用は発想や工夫が必要になることが多く，タイトなスケジュールが組まれている製品設計段階での実施は技術者の負担が増えてしまうことが多くなります．あるいは時間的な余裕のない中での発想では，完成度が低いままでの技法活用となってしまい，十分な効果が得られず，製品設計の効率性がかえって低下してしまうこともあります．

機能性評価の例で言えば，失敗が許容される研究開発や先行開発などの技術開発段階で，評価の方法を確立することが望ましいと言えます．技術開発段階で確立した機能性評価の方法を製品設計段階で継続活用することが理想的でしょう．

2.2.3　技法の中で手法が使われる

品質工学の技法は統計ではないと言われることがありますが，この言葉が多くの誤解を与えてきたように感じます．この言葉の真意は，統計の基本的な発想である偶発的な誤差を使わないという意味であって，統計手法を使わないという意味ではありません．品質工学の実践では様々な統計手法を活用する必要があります．つまり，品質工学の技法を活用するためには統計手法の知識が必要になるのです．その例を図 2.4 の機能性評価を題材にして説明します．

前述したように機能性評価では計測特性 y，入力 M，ノイズ因子を定義し，ノイズ因子に対する目的機能の安定性を SN 比という指標で定量化します（付録 3 参照）．ここで多くの場合，入力 M と出力 y の理想関係は，原点を通る一次式 $y = \beta M$ になります．仮に入出力の関係が非線形であっても標準 SN 比の考え方によって原点を通る一次式 $y = \beta M$ に変換できます[3]．よって，すべての入出関係は図 2.5 に示したような原点を通る一次式 $y = \beta M$ として扱うことができます．

このとき，ノイズ因子の存在によって出力の値が図 2.5 のようにばらつきます．ここでは，入力 M の水準数を n としています．各プロットは出力値 y_{ij} と表現できます．ここで添字 i がノイズ因子の水準ナンバー，添字 j が各信号水準である入力 M の水準ナンバーとします．例えばノイズ因子 N_i を環境温度としたとき $N_1 = -20$(℃)，$N_2 = 0$(℃)，…のように表記します．

ノイズ因子の存在によって，出力値にばらつきが生じます．このとき，原点を通り，かつ出力値 y_{ij} の各プロットとのずれが最小になる一次式が回帰直線 $\hat{y}_j = \beta M_j$ となります．さらに，図 2.5 における各出力値 y_{ij} と回帰直線の値との差の２乗の合計を有害成分 S_N，回帰直線上の値の２乗の合計を有効成分 S_β としたとき，SN 比は $\eta = 10log(S_\beta / S_N)\,(db)$ で定義されます．

以上の計算は前述した単回帰分析の応用であり，SN 比の計算のためには単回帰分析手法の知識が必要となります．このように品質工学の技法を活用する中で統計的品質管理や実験計画法などの手法が活用されます．

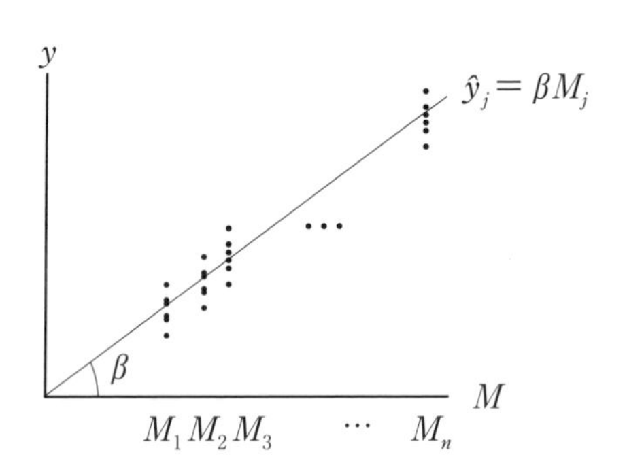

図 2.5　機能性評価の結果のイメージ

【コラム】 技法とは“鬼に金棒”の金棒

鬼に金棒の意味の一つは“主役は鬼である技術者であって，金棒である技法は脇役”ということです．脇役とはいえ金棒をもつのともたないのとでは大きな違いなのは言うまでもありません．さらに，“金棒は重たいので，振り回すにはある程度の力が必要”という意味も込められています．そして，“重たい金棒を頑張って継続的に振り回すと力がつく”という意味もあるのです．技法は手法とは違って実践を通じたOJT活動でしかスキルを身につけることができません．技法を継続的に実践活用することが人財育成につながり，組織力向上の原動力となります．

2.3　ものづくりステップと様々な手法・技法

2.3.1　日本製造業企業が導入してきた手法

ものづくりプロセスで活用される様々な手法と技法を，ものづくりの流れに対応させた俯瞰図を図2.6に示します．歴史的に見ると，手法や技法はものづくりプロセスの下流から上流に向けて発展してきました．

戦後まもなくの日本製品は個体差ばらつきが大きいという問題があり，その解決手段として米国から品質管理（QC）や統計的品質管理（SQC）の手法が製造現場に導入され，製造段階での特性ばらつきの大幅低減を実現しました．現在では製造工程で様々なセンシングを行い，多変量解析等のビッグデータ解析を実施することで，特性のばらつきを極限まで低減する活動も実施されています．

製造工程のばらつき低減を実現した後は，市場でお客様が長期にわたって様々な使い方をしても稼働を保証することが課題となり，信頼性を評価するための各種信頼性手法や，市場での機能の安定性を改善する品質工学のパラメータ設計などの手法が活用されるようになりました．パラメータ設計の狙いは既存の制御因子の水準を最適化することでロバスト性を改善することです．

これらの手法はすでに確立された評価方法や既存の制御因子を取り上げて，

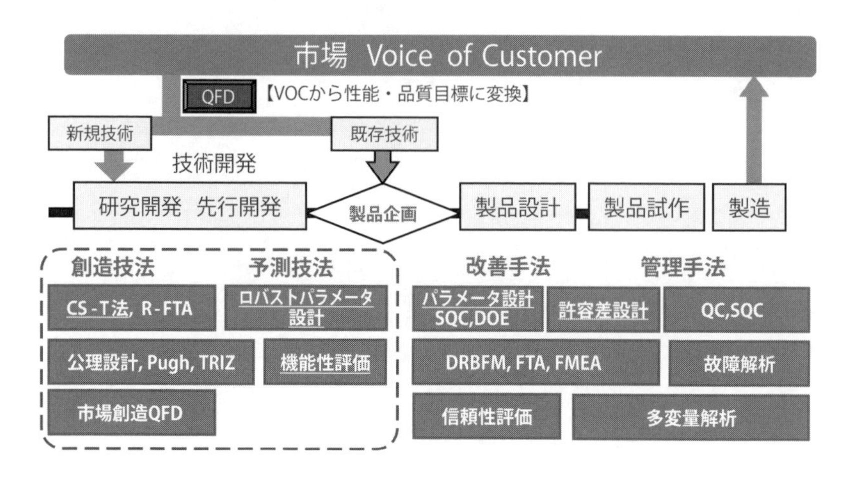

図 2.6　ものづくりの流れと活用される手法・技法

出典　細川哲夫（2020）：タグチメソッドによる技術開発～基本機能を探索できる CS-T 法，日科技連出版社，p.14 の図 1.7 に一部加筆

現状の見える化や改善をすることを目的としており，新たな評価方法や制御因子を発想するアプローチではありません．図 2.6 に示したように，重点化すべき VOC を既存の技術で実現できるのであれば，ただちに詳細の製品企画に入り製品設計プロセスに入れます．技術が完成した後の製品設計段階では図 2.6 に挙げた各種手法が有効となります．もちろん，技術開発段階でもこれら手法の活用は日常業務の効率を改善するという意味で有効ですが，大きな課題の達成のためには手法だけでは不十分であり，技法の活用が必須となります．

2.3.2　今後の日本製造業に有効な技法

前述した各手法を有効活用することで，工程での個体差が十分に小さく，市場で長期にわたり様々な使い方をしても機能を維持する製品が実現されています．現在でも市場で壊れないという意味での品質確保は重要ですが，それだけで事業を成長させることが難しい時代です．事業を成長させるためには，お客様の期待を超える製品を継続的に提供する必要があることはすでに述べたとおりです．ものづくりで事業を成長させるためには，自社独自の新規技術を活用した製品の実現が欠かせません．そのために有効な手段が図2.6のロバストパラメータ設計，機能性評価，CS-T法，R-FTA，公理設計，Pugh，TRIZ，市場創造QFDなどの技法なのです．ここで品質工学の手法・技法に下線をしてあります．以下に本書で登場する各手法・技法と品質工学の手法・技法の狙いを説明します．なお各手法や技法の詳細については参考文献を参照してください．

【QFD】

お客様の要求であるVOCと技術的な特性の対応関係を可視化する[1]．（3.2節参照）

【パラメータ設計】

既存の制御因子の水準を最適化することで，目標性能を維持しながらロバスト性を改善する[2)3)4)5]．（付録2, 3参照）

【機能性評価】

製品やモジュール，部品などのシステムがもつ機能に着目してロバスト性を予測評価する[3)5]．（付録3参照）

【ロバストパラメータ設計】

製品やモジュール，部品などのシステム，あるいはサブシステムの性能とロバスト性の両立性を予測評価する．パラメータ設計と同じ手順だが目的が異なる[6]．（4.4節参照）

＊本書では目的の違いを示すためにパラメータ設計とロバストパラメータ設計を分けています．

【CS-T法】Causality Search T Method

物性値，分析値，センシングデータ，シミュレーションなどの中間特性（現象説明因子とも呼ぶ）や新たに定義した技術的意味のある制御因子を用いて，性能やロバスト性が改善したメカニズムを効率的に把握する[6]．（図2.7, 図4.4, 付録4参照）

【R-FTA】Reverse Fault Tree Analysis

お客様がほしい目的機能を言葉で表現し，それをトップ事象として，目的機

能を実現するために必要な下位機能を言葉でツリー展開する[7]．（4.4.5 項参照）

【公理設計】

目的機能を実現する複数の下位機能と，それら各機能を実現する技術手段の関係を２元表で可視化し，各技術手段の各機能に対する独立性を判断する．ここで下位機能を要求機能とも呼ぶ．（3.3.4 項，4.4.5 項参照）

【Pugh】

機能を定義し，定義した機能を実現する技術手段を設計概念として発想する．（3.3.2 項参照）

【TRIZ】（Theory of Inventive Problem Solving）

過去の膨大な特許情報から抽出した発明原理を活用して，新たな製品やモジュール，部品などのシステムを考案するヒントを得る[8][9]．（4.5 節参照）

【市場創造 QFD】

自社あるいは自部門がもつ技術の目的機能を歓迎してくれる市場と VOC を発想する[10][11]．

2.4　技術開発の全体像

既存の技術ではお客様の期待を超える製品を実現することが困難なケースでは新規技術を創る技術開発の活動が必要となります（図 2.6 参照）．図 2.7 に技術開発活動の全体像を示します．技術開発活動の中で数値データを扱う活動は大きく３つのパートから構成されます．以下に３つのパートについて説明します．

2.4.1 マネジメントパート

技術開発のスタート段階で性能とロバスト性の目標が設定されます．性能は，お客様の要求である VOC を計測特性 y として定義したとき，y の狙い値で与えられます．例えば複写機やカメラのような画像機器では“きれいな画像”という VOC を濃度や寸法などの計測特性で定量的に定義し，その狙いの値を

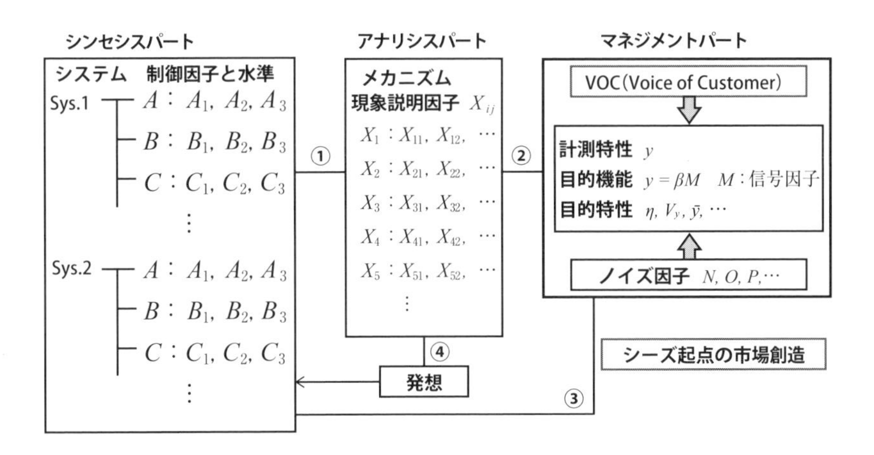

図 2.7 技術開発の活動の全体像

出典 細川哲夫（2020）：タグチメソッドによる技術開発～基本機能を探索できる CS-T 法，日科技連出版社，p.54 の図 3.5 に一部加筆

目標設定します．ここで，計測特性 y の値を変える入力が存在する場合は，$y = \beta M$ で表現される目的機能を定義することができます．例えば，原稿画像の寸法を入力 M として，出力 y を印刷した画像の寸法として入出力関係を $y = \beta M$ と定義します．

さらに，市場では計測特性 y の値をばらつかせる環境温度や劣化などのノイズ因子が必ず存在します．よって，様々なノイズ因子を与えたときの計測特性 y の変化量の許容差がロバスト性の目標として設定されます．ロバスト性は SN 比（その値を η と書く）や分散 V によって定量化されます．ここで $\bar{y}$ はノイズ因子によって計測特性がばらついたときの平均値です．性能やロバスト性の評価指標を合わせて目的特性と呼ぶことにします（付録 3 参照）．

計測特性 y とロバスト性の評価方法を定義することは目標達成度を測るものさしを設定することに相当します．ものさしの定義とその到達レベルの設定は技術者の判断で実施するのではなく，マネジメントの関与が必須であることから，これらの活動をマネジメントパートとしています．

2.4.2　シンセシスパート

性能とロバスト性の目標を達成するためには必ずシステム（あるいはサブシステム）を選択あるいは考案し，そのシステムを構成する制御因子の水準を変える活動が必要になります．ここで制御因子を $A, B, C, \cdots$ と記し，各制御因子の水準の違いを $A_1, B_2, C_3, \cdots$ と記しています［例えば制御因子 A を膜厚として $A_1 = 100(nm)$，$A_2 = 200(nm)$ など］．システム選択及び考案と制御因子の水準変更によって，性能とロバスト性の値を目標達成に向けて変える活動をシンセシスパートと名付けました．ここで，目的機能のロバスト性を改善するのがパラメータ設計であり，性能とロバスト性の両立性を評価するのがロバストパラメータ設計です．両者の実験と解析の手順は同様であり，どちらも要因効果図を描いて，制御因子と目的機能等の目的とする特性との因果関係を把握（③で示した）します（付録2, 3参照）．

2.4.3　アナリシスパート

制御因子の水準を変えることによって，目的特性の値が変化しますが，制御因子の水準変更と，その結果としての目的特性の値の変化の間には何らかのメカニズムが働いているはずです．そのメカニズムを記述するのが，物性値，分析データ，センシングデータ，シミュレーションの中間特性などです．これらメカニズムを記述する因子を現象説明因子と呼ぶことにします．現象説明因子を取り上げて，目的特性の値が改善するメカニズムを把握する活動をアナリシスパートと名付けました．この改善効果が得られるメカニズムを効率的に把握する技法がCS-T法です（付録4）．改善メカニズムを把握することによって，新たなシステム（あるいはサブシステム）や制御因子の発想を加速することができます（④で示した）．

以上3パートの因果関係は，シンセシスパート→アナリシスパート→マネジメントパートの流れとなります．これらの因果関係を把握することが数値データを扱う技術開発活動の骨格といえます（①と②で示した）．

2.4.4　市場創造

世界一の性能とロバスト性を目指すことは技術者として当然のことですが，それだけで事業が立ち上がるとは限りません．性能とロバスト性が確保できていることは当然のこととして，さらに製品の価値を利用シーンとともにイメージできたときにお客様はその製品の購入を考えます．昭和の高度成長期であれば，テレビや冷蔵庫の機能そのものに明確なニーズがありました．しかし今の時代，お客様は製品の技術的な性能を示されても，それだけではその製品の価値をイメージすることができません．“お客様は自分がほしいものを知らない”，これはスティーブ・ジョブズの有名な言葉です．つまり，技術的な性能と，お客様も気づいてない真のニーズの間には大きなギャップがあるのです．よって，自分たちの技術を歓迎してくれる市場を技術者が自ら想像し，その市場のVOCを創造することが事業成功のカギとなります．それが図2.7の“シーズ起点の技術創造”であり，市場創造QFDが有効となります．これからの時代は技術者も企画のブレークスルーの主役なのです．

2.5　手法から技法，そして仕組みへ

2.5.1　良いプロセスが継続的に良い結果を生み出す

かつての欧米企業では個人の自律的な力が重視され，結果が良ければプロセスは問わないというマネジメントが主流でした．しかし，1980年代以降，日本製造業の国際競争力が高まり，多くの欧米企業が日本から学んだことが，“良いプロセスが良い結果を継続的に生み出す”という考え方です．良いプロセスとは，例えばTQMや方針管理のような会社全体や組織全体を対象とした全体最適化を目指す組織活動です．欧米企業はTQM，方針管理，品質工学，QFDなど日本発のマネジメント方法や技法を日本から学び，それをそのまま実施するのではなく，自分たち流にアレンジしました．それがシックスシグマやDFSSです．

日本でも1980年代までは，結果だけではなくプロセスも大切にするマネジメントが実施されていましたが，その後はかつての欧米流の結果重視の考え方が導入され，結果が良ければプロセスは問わないマネジメントの方向にシフトしました．しかも，個人単位の短期成果が問われる人事制度が導入されたために，失敗から学ぶ組織的な創造活動が難しい状況になってしまいました．

このように日本がかつての欧米流のマネジメントを導入する一方で，欧米企業は元々もっていた個人力に加えて，組織力にも力点を置いたプロセスを構築しています．我々日本企業も早急にキャッチアップし，欧米企業に追いつき，そして超えていくこくことが多くの日本企業の課題と言えます．

2.5.2 全体最適化を目指す PDSA と仕組み

多くの日本企業が欧米流の合理主義経営を導入したのが2000年代です．組織力よりも個人の力と責任，中長期の大きな成果よりも短期の成果，という方向にマネジメントがシフトした時代でした．その結果，チャレンジして失敗から学ぶよりも，失敗しないことが優先される組織文化になってしまったのではないでしょうか．

技術開発段階では失敗は当然のことであり，性能とロバスト性のトータルな目標達成を目指す全体最適化の活動の中での失敗から，大きな目標を達成できるアイデアを発想することができるのです．半年ごとに着実に一定の成果を出すために，部分最適化に向かうようなやり方では，日本企業の競争力を取り戻すことはできません．

例えば，複数ある性能特性の中の一部だけを取り上げて，その値の目標達成を目指すアプローチであれば，新たな発想を取り入れなくても，半年での目標達成の可能性は高いでしょう．しかしながら，その性能特性を向上させた手段である制御因子の水準を変えることによって，他の性能特性やロバスト性が悪化してしまうことが頻繁に起きます．このような特定の特性だけに注目した部分最適化は短期的な成果を求めるマネジメントと相性が良いのですが，残念ながら最終ゴールであるすべての性能特性とロバスト性の目標達成には至らない可能性が極めて高いのです．そして，中長的には技術開発が失敗するリスクが高まってしまうのです．

大きな目標のもとで効率的に失敗し，そこから役立つ技術情報を得て，技術者が学び，そして技術者が自律的に意思決定し，新たな技術手段を発想する．このPDSAのサイクルを効果的に回すプロセスを仕組みと呼ぶことします．以下に技術開発におけるPDSAの4項目の狙いを示します．

Plan：技術開発のプロセスを設計する．実験計画を立案する．ここで効率性と創造性を両立させる
Do　：有効な技術情報を得る
Study：改善メカニズムを把握する．技術を蓄積する．目標達成度を評価する
Action：新たな技術手段を考案する．技術開発テーマの継続可否を判断する

このPDSAを回す仕組みが次章以降で説明するDFSSやT7です．DFSSやT7では仕組みの中に様々な技法が導入されています．各技法を有機的に融合して現状を打破するプロセスが仕組みであるとも言えます．複数の技法を有機的の融合しながら大きな成果を目指すためには個人力だけではなく組織力が必須となります．

【コラム】

欧州の代表的な品質の国際会議であるQMODに参加して筆者が印象に残ったことの一つがPDSAです．PDCAのC（Check）は結果の達成度の確認という意味をもちますが，技術開発などの創造性が要求される活動ではCheckだけではなく，得られた技術情報から新たなに学ぶStudyが極めて重要です．このことは筆者自身も経験的に認識していたので，PDCAではなくPDSAの重要性を示していたQMODに参加し，“我が意を得たり”という想いでした．

結語

お客様の期待を超える感動品質を備えた製品を継続的に提供するためには，ものづくりプロセスの上流にあたる技術開発の活動の質を向上させることが必須となります．技術開発の目的は新たな技術手段の考案や市場創造です．さらに，発想した技術手段は市場で様々なノイズ因子が存在しても十分な性能や機能を維持していることが求められます．お客様の期待を超える感動品質とロバスト性を備えた技術を蓄積できている，そして蓄積した技術を様々な製品設計に汎用的かつ継続的に活かしている．技術開発段階でこの状態を実現するためには，日常業務の改善のために使われるSQCや品質工学のパラメータ設計などの手法に加えて，新たな技術手段や市場を創造するための技法の活用が効果的です．さらに，個別の課題解決ではなく，感動品質とロバスト性をトータルに両立させるためには各技法を融合して活用することが必須となります．複数の技法を融合した技術開発プロセスを設計する仕組みがDFSSやT7です．このDFSSとT7については第3章と第4章で解説します．

参考文献

1) 大藤正, 小野道照, 赤尾洋二（1991）：品質展開法（1），日科技連出版社
2) 田口玄一（1988）：品質工学講座4　品質設計のための実験計画法，日本規格協会
3) 小野元久（2013）：基礎から学ぶ品質工学，日本規格協会
4) 田口玄一（1988）：品質工学講座1　開発・設計段階の品質工学，日本規格協会
5) 田口伸（2016）：タグチメソッド入門，日本規格協会
6) 細川哲夫（2020）：タグチメソッドによる技術開発～基本機能を探索できるCS-T法，日科技連出版社
7) ドン・クロージング（1996）：TQD, 日経BP社

8)笠井肇（2006）：開発設計者のための TRIZ 入門〜発明を生む問題解決の思考法，日科技連出版社
9)井坂義治（2016）：製品開発の問題解決　アイデア出しバイブル〜 TRIZ で開発アイデアを 10 倍に増やす, 日刊工業新聞社,
10)福原證（2022）：市場創造 QFD，クオリティフォーラム 2022 報文集
11)渡辺誠, 細川哲夫, 氏本勝也, 丹国広, 窪田進一, 三木芳彦, 高内正恵（2024）：得意技術を起点とした QFD による新規市場開発のアプローチ，リコーテクニカルレポート，No.46

第3章　世界の動きを見る　～DFSSによる技術課題への取組み内容～

本章の要旨

ヴォーゲルの著書“Japan as No.1”が出版されたのは1979年でした．80年代に入って欧米企業は日本企業を徹底的に調査し，学習しました．QC七つ道具，管理図，実験計画法などの統計手法であるSQC，全社的品質管理のTQC・TQM，トヨタ生産方式などを学んだのです．そして日本のTQMを欧米風に手直したシックスシグマがモトローラ社で開発され，90年代から現在に至るまで海外企業が盛んに取り入れています．2000年あたりには問題解決型のシックスシグマから，技術・設計開発型のデザイン・フォー・シックスシグマ（以下DFSS）が派生しました．

残念ながら現在の日本企業ではTQM的な活動はすっかり忘れられた存在になっています．海外企業は以前日本企業がやっていたことを彼らなりに展開しているのです．筆者らは日本企業の競争力が遅れを取っている一因がこの辺りにもあると感じています．

本章では欧米のDFSSの背景と内容を紹介します．次の第4章では欧米のDFSSをベンチマークして，筆者らが日本流にアレンジした“課題の達成に向けての提言T7”を紹介します．読者の皆さんの技術・製品・サービスの開発のあり方を考えるための参考になれば幸いです．

3.1　シックスシグマとDFSS

1980年代に欧米企業が学んだ日本企業文化は以下のようなものでした．

- ❑ チームで品質問題に取り組み解決していく
- ❑ PDCAを回すことによって継続した品質改善を図る

- ❑ 製造工程で品質を作り込む
- ❑ 設計で品質を作り込む
- ❑ 統計手法を積極的に応用する
- ❑ 品質の改善でコストダウンを図る
- ❑ 事実とデータに基づく品質マネジメントを展開する
- ❑ 全員参加の品質活動を維持する
- ❑ 品質を企業文化とする

当時の欧米企業では，このような活動や考え方はほぼ皆無でした．彼らは日本企業のやり方に脱帽しました．欧米企業では品質は100％検査部門の責任と認識されていたからです．

自主性をもとにした日本のTQMは契約社会である欧米にはなじみません．欧米文化に適応するシックスシグマがモトローラ社で導入されて，90年代に入ると徐々に広がっていきました．特にカリスマ経営者であるGE社のCEOジャック・ウェルチが90年代初頭にシックスシグマを導入して，莫大なコストダウンを達成したことで，他のCEOたちも後を追うように導入していったのです.シックスシグマを導入した大企業では毎年何百件ものシックスシグマ・テーマを完了させ，社内データベースに登録しています．

シックスシグマ活動は，問題解決のプロジェクトをチームで実行して，品質改善と金銭的な成果を生み出すことが中心です．金銭的成果を重視する点が日本のTQMと欧米のシックスシグマの大きな相違点と言えます．シックスシグマのテーマの実行には，DMAIC（Define-Measure-Analyze-Improve-Control）いうプロセスが標準になっています．これはTQMの問題解決プロセスであるQCストーリーに似ています．シックスシグマは事後対応型のリアクティブな活動です．その目的は，現状の“無駄”や“不具合”を低減することでコストダウンをし，再発を防止することです．

技術開発や製品設計の目的は，魅力的な製品・サービスを実現し，市場における不具合を未然防止するというProactiveな活動です．そのためにDMAIC

はプロアクティブな開発プロジェクトには適さないことが明白となり，GE 社などが技術開発や製品設計のためのプロセスを開発したのです．それが DFSS です．DFSS は 2000 年を前後して広まっていきました．

DFSSテーマのアウトプット：
- ❑ **顧客とステークホールダーの期待を超越する製品・サービス**
- ❑ **最小のコストで市場で故障や不具合を未然防止するロバスト設計**

3.2　DFSS のテーマを進めるプロセス IDDOV

プロジェクト・テーマの選択を含む DFSS の活動の仕組みは，シックスシグマのフレームワークで展開されます．本章では，DFSS のテーマを進めるためのモデルの一つである IDDOV というプロセスを紹介します．IDDOV は以下の 5 つのフェーズです．ここでは各フェーズをさらに詳しく説明します．

I：Identify Opportunity：テーマ選択とテーマの計画書の作成
D：Define Requirements：顧客のウォンツとニーズをもとにした戦略的ターゲットを設定
D：Develop Concept：要求機能をどのような方式で実現するかという設計のアイデア出し
O：Optimize Design：選ばれた設計のロバスト性の最適化
V：Verify/Validate：成果の確認，レッスンラーンド，アクションプラン

以下 IDDOV の簡単な説明です．IDDOV のイメージを図 3.1 に示しました．

I：Identify Opportunity では意味のあるテーマを選択して，チームを編成し，計画書を作成，プロジェクトをキックオフします．カギはテーマを選択した後にチームを編成することにあります．

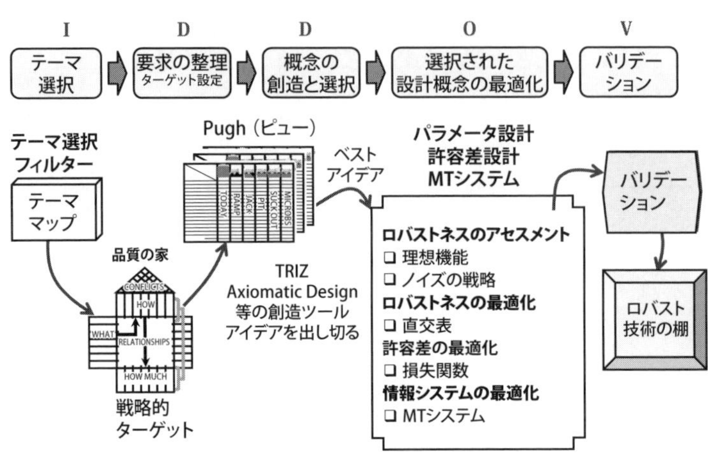

図 3.1　IDDOV のイメージ

D：最初の D である Define Requirements は要求・スペックの設定です．顧客の声（VOC）の生データからウォンツとニーズを抽出・創造し，優先順位を決めて，評価特性の目標値を設定します．理想は顧客が気付いていない魅力的なウォンツとニーズを発掘することです．

D：2 番目の D は Develop Concept です．アイデア出しを Pugh（ピュー）というマトリックスを使ったプロセスで進めます．アイデアが出尽きるまでアイデア出しを続けることで，最強の設計コンセプトを目指します．ブレイン・ストーミング・TRIZ・Axiomatic Design（公理設計）・モーフォロジカルマトリックスなどアイデア出しに役立つ技法を積極的に利用します．理想はイノベーティブなアイデアを創造することです．

O：O は Optimize Design，最適化です．機能のロバスト性のアセスメントとロバスト性の最適化，許容差の最適化，MT システムも含む品質工学の応用になります．最適化のために応答曲面法，実験計画法，多変量回帰分析などの手法を好む DFSS のフェーズモデルもありますが，本書では品質工学を奨めます．

V：V は Verify and Launch です．結果と成果の検証，Do No Harm のチェック，レッスンラーンド，文書化，コミュニケーションプラン，アクションプランなどです．

3.2.1　IDDOV の I

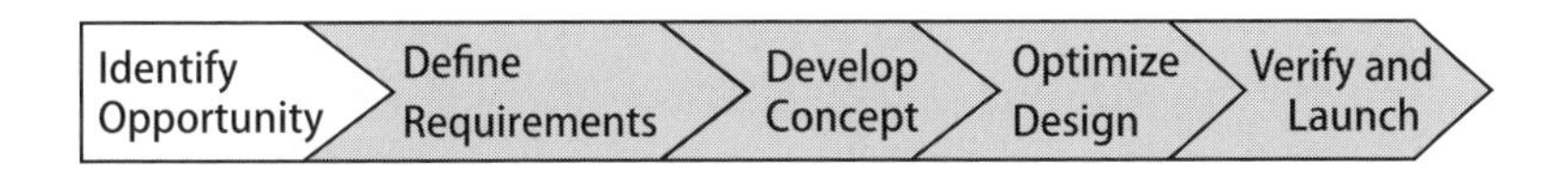

I は Identify Opportunity の I で，プロジェクトの選択と計画書作成が目的です．プロジェクトは企業の戦略に沿ったものをタイムリーに選択します．包括的な VOC を研究することで顧客と社会のウォンツとニーズを先取りした“次期モデルの設計”や“まったく新しい機能”を考え，その開発をテーマにすることは意味があります．プロジェクトが選択されたら，プロジェクト・チャーターとよばれる計画書を作り上げます．その内容は以下のようなものです．

プロジェクト・チャーターの内容

- ❑ テーマの背景と選択理由
- ❑ テーマのスコープの定義と目的
- ❑ 期待される成果
- ❑ プロジェクトスポンサー，リーダー，メンバー，DFSS コーチの人選
- ❑ プロジェクトを進めるための必要な道筋を示したプロジェクト・マップとタイムライン
- ❑ 予算・リソース

シックスシグマのテーマは現状の不具合や無駄を減らすというものですから成果としての効果金額を推定しやすいのですが，DFSSの設計開発のテーマは未然防止なので成果はコスト・アヴォイダンス（無駄なコストの事前回避），顧客の満足度，予想しにくい売り上げの増加などが中心です．ですから，効果金額の推定が難しいのです．DFSS導入初期は短期思考のトップやビーンカウンター（細かく豆の数を数える経理部門のメンタリティ）になかなか納得してもらえない場面もありますが，時とともにDFSSの効果を実感してくればそれほど問題にはならなくなってきます．

シックスシグマの問題解決のDMAICは5つのフェーズをすべて実行する必要がありますが，DFSSのテーマの場合はIDDOVのIとVは 必須ですが，真ん中のD，D，O は必要に応じて実行されます．ですからテーマを進める筋道はIDDOV, IDD_V，I_DOV，ID_OV，I__OV など様々になります．議論を重ねてこのプロジェクト・マップを決めていくのです．以下に考え方の例を挙げます．

Ⅰ．このテーマは新しい技術，新機能，新製品，新サービスの開発である ☞ IDDOV

Ⅱ．配色，スタイリング，ルック＆フィールなど評価が主観によるデザインの開発 ☞ IDD_V

Ⅲ．現状の設計は変えられないが，VOCを見直して要求と戦略的目標値・スペックを再検討した上で現状設計のロバスト性の最適化をして要求を満たすとともに，できればコストダウンや軽量化を図る ☞ ID_OV

Ⅳ．要求は理解しているが，現状設計以外の新しい方式を今一度探索したい．そのことで新しいイノベーティブな設計を目指したい．そして新設計のロバスト性を最適化をする ☞ I_DOV

Ⅴ．要求は理解している．現状設計は変えられない．しかしロバスト性の最適化がされていないので最適化をして現状設計の限界を見極めることと，できれば軽量化やコストダウンを達成したい ☞ I__OV

DFSSテーマの例

A. バックアップカメラのサポートグラフィックの設計（IDD_V）
B. セダン車のトランクフィーチャーの最適化（IDD_V）
C. ニューモデルの収納システムの設計（IDD_V）
D. 車体設計（Body in White)における前面衝突性能の最適化と軽量化（I_DOV）
E. １D-CAEによる車体構造捩じり剛性の最適化による軽量化（I_DOV）
F. ３D-CAEの簡素化による計算時間の短縮（I__OV）
G. 自動運転のための歩行者衝突時間の予測システムの最適化（I_OV）
H. 新規材料の配合の最適化とその製造工程の最適化（I_OV）
I. 自動変速機のソレノイドの設計変更と最適化によるコストダウン（IDDOV）
J. ニューモデルの商品企画のためのQFD（ID__V）
K. 自動パラレル・パーキングのシステム・ビヘイビア・テスティングSBT（I__OV）
L. アダプティブ・クルーズ・コントロールのSBT（I__OV）
M. 操舵性に対するコンシューマー・レポートの評価点の予測モデル構築（I__OV）
N. 新しい設計変更プロセスの構築（IDD_V）

図 3.2 DFSS テーマの例

3.2.2 IDDOV の最初の D

IDDOV の最初の D は VOC の生データからウォンツとニーズを抽出して，調査の結果と開発チームの思い入れをもとに優先順位を決め，競争力のある戦略的ターゲットを設定することです．そのために品質機能展開（QFD）の品質の家を建てます．シックスシグマと DFSS のテーマでは品質の家が広く活用されています．図 3.3 は品質の家のイメージです．

品質の家を建てる手順

Step-1　顧客・社会のウォンツとニーズが潜在した VOC の生のデータを集める

Step-2　生データからウォンツとニーズの VOC のステートメントを抽出・創造する

Step-3 親和図法でVOCの階層化をし，VOCの数が25～80ほどにする　ルーム①

Step-4 各VOCの強さの調査をする　ルーム①

Step-5 各VOCのベンチマークを実施して，戦略的目標レベルを設定する　ルーム②

Step-6 各VOCを評価しうる計測可能な評価特性（Engineering Measures）を創造的に挙げ，同時にVOCとの関係の強さを判断する　ルーム③ & ルーム④

Step-7 評価特性間の相関を示す　ルーム⑤（品質の家の屋根）

Step-8 評価特性をベンチマークする　ルーム⑥

Step-9 ここまでの品質の家の診断をする．見逃しはないか，矛盾はないか？など

Step-10 ルーム②で設定したVOC満足度の目標レベルを満足するように，評価特性（Engineering Measure）の目標値を設定する　ルーム⑦

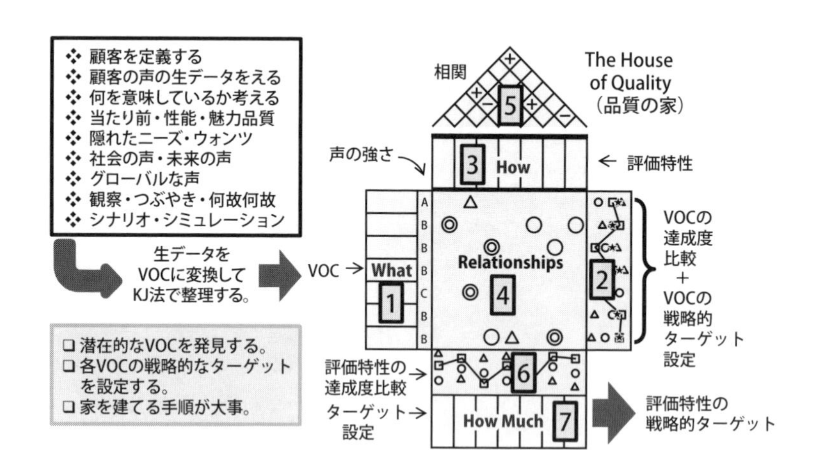

図3.3 品質の家のイメージ

意味のある品質の家を建てるために，各ステップにおける考え方を解説します．

Step-1：顧客の声の生のデータを集める

以下に VOC の生データの収集法の例を挙げます．

- ❑ 顧客の使い方を観察する
- ❑ 顧客 10 ～ 30 人ほどに対して 30 分ほどのインタビューを行う
  - ➢ 極めて単純なオープンエンデッドな質問を 4 ～ 5 問用意する
    - ❖ 現状使っている製品で何か気に入ったことがありますか？ 何故？
    - ❖ 何か気に入らないことはありますか？ 何故？
    - ❖ あなたならどのように改良しますか？ 何故？
  - ➢ 返答に対して“何故？”を何回も繰り返すことで隠れた VOC の発掘が期待できる
  - ➢ 基本はなるべくたくさん話してもらうこと
  - ➢ できれば許可を得て録音する
- ❑ トレードショーなどで会話や囁きを立ち聞きする
- ❑ 使用されるシーンを想定してシナリオ・アナリシスをする
- ❑ フォーカス・グループ，市場調査などのマーケティングの手法

VOC は真のウォンツやニーズであって，お客さんの言った言葉そのものとは限りません．トレードショーで顧客のつぶやきを立ち聞きしたり，使い方を観察したり，コメントに対して“何故？”を繰り返したり，使われ方のシナリオを思い描き想像するなどして，VOC の生データを得るのです．

Step-2　生データからウォンツとニーズの VOC のステートメントを抽出・創造する

生データをウォンツとニーズの VOC ステートメントに変換します．例えばニューモデルの収納システムの VOC は“便利なハンドバッグの収納がほしい”とか“カップホルダーは清潔に保ちたい”というような一つの意味をもったポ

ジティブな要求のステートメントになります.

理想は生データに隠れている顧客も気づいていないウォンツとニーズを探り当てることです. 創造性を発揮すべきステップで力の入れどころです. 1970年代にラジカセを背負って音楽を聴きながらジョギングしている人を観察できたらウォークマンのようなウォンツが発見できたでしょう. スティーブ・ジョブズがアイフォーンで実現したようなウォンツとニーズを創造したいのです. 以下, 生データから VOC の抽出の例です.

生データ：“ミニバンのリフトゲートは電動にしてほしい”

VOC-1：リフトゲートの開け閉めは簡単にしてほしい

VOC-2：手で触れることなく開け閉めがしたい

VOC-3：リモートで開け閉めしたい

VOC-4：荷物の出し入れを簡単にしたい

Note：“電動”は解決法で VOC ではない. VOC は Solution Free.
解決法は次のフェーズの Develop Concept のアイデア出しで議論されますので, 忘れないように書き留めておきます.

抽出される VOC の数はテーマのスコープの大きさによって, 数百から数千になります.

Step-3　親和図法で VOC の階層化をし, VOC の数が 25 ～ 80 ほどにする ルーム①

数百から数千にもなる VOC ステートメントに対して親和図法を応用し VOC のグループ化と階層化をします. この作業中にもプロジェクトチームメンバーは隠れたウォンツとニーズを探っていきます. VOC の数が 20 ～ 80 個ぐらいまでになるようにグループ化をします. 英語で申し訳ありませんが, 図 3.4 は親和図法によるグループ化と階層化のイメージです. この場合, 3rd Level で切って VOC の数が 64 になります.

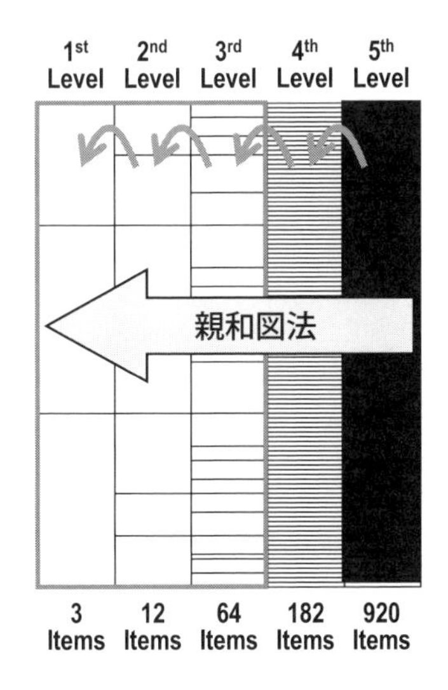

図 3.4　親和図法によるグループ化と階層化のイメージ

Step-4　各 VOC の声の強さの調査をする　ルーム①

VOC のリストが完成したら，20 ～ 80 名ほどの自社・競合・新規の顧客を選び，VOC のリストを送ります．各人に重要度トップ 20% の VOC を選んでもらいます．その結果を集計して，以下のように声の強さ・重要度でざっくりと 3 段階評価します．

- トップ 20 ～ 25%　　A：重要な VOC
- ボトム 33%　　C：あまり重要でない VOC
- 残り　　B：どちらともいえない VOC

欧米では声の大きい個人，話のうまい個人，上司の声がとおってしまいがちなのでこうしたやり方が好評を得ています．このようなステップを踏むことで，顧客の声をベースとした納得感のあるコンセンサスを得ることが目的です．

この調査の前の VOC 創造の段階で画期的な魅力品質に関する VOC が発掘されるのは大変望ましいことです．このような画期的な魅力品質をフィーチャーした製品でサプライズがしたいので，それは秘密にしておいて，声の強さの調査のVOCリストには入れないことを奨めます.

声の強さの調査は市場を熟知している社内のチームでやっても構いません.このことはテーマごとに判断します.

Step-5　各VOCの満足度のベンチマークを実施して，戦略的目標レベルを設定する　　ルーム②

VOCの重要度（声の強さ）の調査のためVOCのリストを送りました．その際に各VOCの現状設計の達成度を5段階でざっくり評価もしてもらいます．"1：まったく満足していない"，"2：余り満足していない"，"3：普通"，"4：ある程度満足している"，"5：100%満足している"という5段階評価です．これをもとに，自社と競合の各VOCの満足度の成績表をつくります．競合の成績のデータがあるほうが良いのですが，それを得るのが困難であればなくても構いません.

VOC達成度の評価も顧客のかわりに社内でやっても構いません．その場合は社内の市場を熟知した人を集めて，評価は謙虚にすることです.

まったく新しい機能の場合は自社の評価点をすべて"3：普通"にします.新しい機能でも自動運転のセンサーの自動洗浄機能などの場合は，似たような機能であるワイパーやヘッドランプ洗浄などで成績を評価してもらいます.

自社の現状設計と競合のVOC満足達成度を5段階で評価できたら，VOCごとに新製品の達成レベルの目標値を決めます.

- ❑ VOC満足度の目標値は以下を参考にする.
  - VOCの強さ
  - 現状の満足度
  - 競合との相対的な満足度の差
  - 開発チームの思い入れ
  - 声の強さAは当たり前なものが多いので，Bにも注目すること
- ❑ 満足度の目標値には以下のようなタイプがある.

- 競合にキャッチアップ
- 競合より上を目指す
- 競合を置き去りにするリープフロッグ（蛙飛び）
- 現状維持
- 現状以下

以下に考え方の例を挙げます.

- ❖ 声が強くて競合より劣っている ☞ 同等か追い抜くレベルにターゲット設定（キャッチアップ）
- ❖ 声が強くて自社も競合も満足させていない ☞ なるべく高いレベルに設定して競合を置き去りにする（リープフロッグ 蛙飛び）
- ❖ 声が弱いのに満足し過ぎている ☞ 現状維持，コストダウンが可能ならレベルダウン（現状維持・現状以下）
- ❖ 画期的な魅力品質 ☞ なるべく高く設定

図3.5はVOC達成度のベンチマーキングと目標レベルの設定のイメージです.

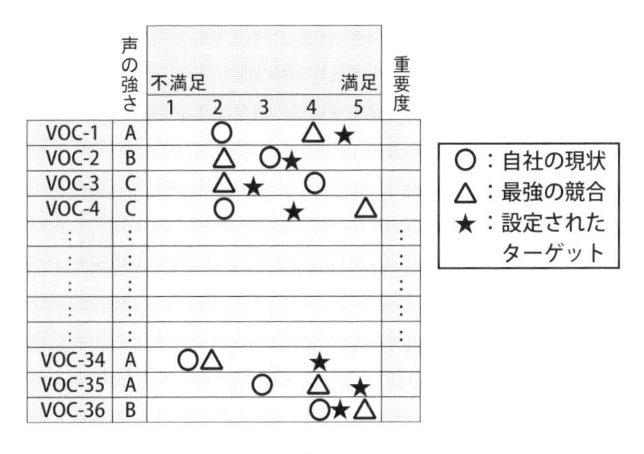

図3.5　VOC達成度のベンチマーキングと目標レベルの設定

各VOCの戦略的ターゲットは，このように議論をして設定します．図3.3のルーム①とルーム②は品質表の横軸と呼ばれ，市場で勝つために何をどれだけ満足するかを決める意味深いステップです．重要度は“声の強さ”と“ターゲットまでのギャップ”の積のような概念です．声の強さが“A”と強くても，ターゲットを満足していれば重要度はそれほど高くならないという考え方です．声の強さが“B”でも，ターゲットまでのギャップが大きければ重要度は増します．テーマによっては品質の家はここまでとして，次のステップである機能を考えてIDDOVの2番目のDであるDevelopや，Optimizeに進んでも構わないこともあります．これもテーマごとに判断します．

Step-6 各VOCを評価しうる計測可能な評価特性（Engineering Measures）を創造的に挙げ，同時にVOCとの関係の強さを判断する　ルーム③ & ④

ルーム③以降へ進める理由を述べます．VOCは“操作がしやすい”，“乗り心地が良い”など主観的な表現であり，物理的な特性ではありません．そのためにVOCごとに，そのVOCを評価しうる，できるだけ物理的で計測可能な評価特性を洗い出します．同時に評価特性とVOCとの関係が強ければ◎，中程度なら○，あまり強くなければ△とします．図3.6のようなイメージです．

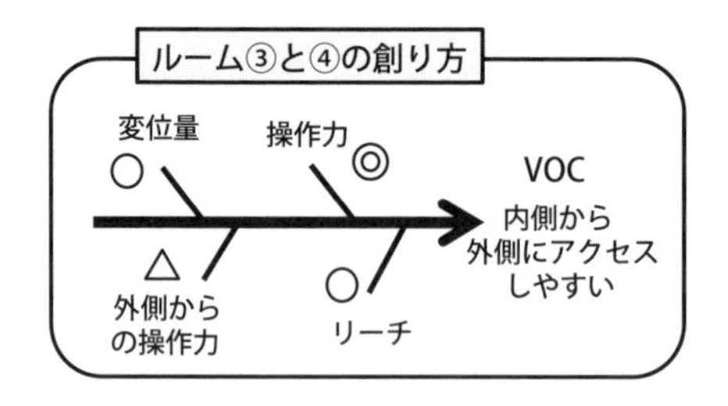

図3.6 VOCの評価特性の洗い出しと関係の強さの評価

以上をVOCごとにやった結果として，まず，ルーム③に評価特性（Engineering Measures，CTQ Critical to Quality，In-company Measures）

を並べます．そして，ルーム④にVOCと評価特性の関係の強さ ◎，○，△を示します．ルーム③とルーム④を同時に建てたことになります．これが重要なのです．

最初から現状の評価特性やスペック項目をルーム③に並べて，VOCに対する関係のあるなしと，関係の強さを評価するのはもったいないやり方です．それをやると優れた評価特性を創造する機会を失ってしまうことと，漏れが発生しやすいのです．ここでも創造力を発揮して評価特性を議論してほしいのです．

現状の評価特性やスペックでは重要なVOCを評価できていなかったという発見もあります．あまり意味のない現状の評価特性やスペックの洗い出しも副産物になります．

Step-7　評価特性間の相関を示す　　ルーム⑤（屋根）

相関はプラスの場合とマイナスの場合があります．プラスの相関は一つの特性を改善すると別の特性も改善する場合で，例を挙げると“内側からのドア閉め力”と“外側からのドア閉め力”などです．“ドアのシール性”と“ドア閉め力”はマイナスの相関になります．これらの判定は技術的知見によってなされます．

評価項目間の相関に注意を払っておくことは戦略的に意味があります．現状の技術では相反する要求というのを認識する必要があることと，IDDOVの次のフェーズであるDevelop Conceptのアイデア出しで，相反する要求に対して，一石二鳥，一石三鳥の優れた設計アイデアを目指したいからです．

Step-8　評価特性をベンチマークする　　ルーム⑥

ルーム⑥はそれぞれの評価特性に対して現状と競合のベンチマークをする部屋です．ルーム② のベンチマーキングは顧客に評価してもらいますが，ここでは技術的評価のみです．

Step-9　品質の家の診断をする．見逃しはないか，矛盾はないか議論する

ここまできたら品質の家全体を眺めて矛盾や見逃しがないかをチームで議論

し，問題があれば調整します．いずれにしてもコンセンサスを得るまで議論します．このことを Study the House と言っています．この議論が重要なのは言うまでもありません．

Step-10　ルーム②で設定したVOC満足度の目標レベルを満足するように，評価特性の目標値を設定する　　ルーム⑦

ルーム②の各VOCの満足度の目標を満たすことを目的として，各評価特性の目標値を設定します．VOCとの関係の強さとルーム②のVOCの目標レベルまでのギャップを考慮して決めていきます．評価特性の目標値が品質の家のアウトプットです．これで品質の家が建ちました．

品質の家を建てる意義

品質の家を建てる意義を以下にリストしました．

A．意味のあるワイガヤの議論の場をタイムリーに，システマティックに提供します．

B．顧客のウォンツとニーズの優先順位を理解し，コンセンサスを得ます．

C．開発中における要求の変更が減ることで，手戻りが減り，開発期間の短縮に貢献します．

D．Corporate Memory（企業の記憶）が残ります．スペックや目標値の設定の背景を“見える化”して，企業の記憶として残せます．

E．一度品質の家を建てると，メインテナンスするだけで何回でも継続して使えます．時代とともにVOCステーメントはほとんど変わりませんが，新しいVOCが出てくれば足していきます．声の強さとベンチマーキングは時代とともに変わっていくので，アップデートする必要があります．

F．マーケット・セグメンテーションに対応します．マーケット・セグメント間ではVOCは同じですが，重要度が異なるのは珍しくありません．例えば，大型ディーゼルエンジンは発電機・船舶・機関車という3つのセグメントがあり，セグメントごとに目標値を設定します．

G．エンジニアが顧客と接することで，顧客に対する共感が生まれ，“仕事のやりがい”や“モラル”という意味で価値があります．

H．副産物としての新しい設計アイデアの創造が期待できます．品質の家を建てる過程で，エンジニアたちは集中して考えているので，設計アイデアを思いつきがちです．品質の家は Solution Free なので設計アイデアは品質の家には入りません．発想で出てきたアイデアは IDDOV の 2 番目の D：Develop Concept におけるアイデア出しで評価されます．忘れないうちに Design Idea Parking Lot（設計アイデアの駐車場）に登録しておきましょう．

ここまではカスタマーのウォンツとニーズの優先順位から，どんな要求をどれだけ達成するかという目標値の設定でした．次の Develop と Optimize で目標を満足する，目標を超越するような設計を低コストで実現することを目指します．

3.2.3.　IDDOV の 2 番目の D

Identify Opportunity → Define Requirements → Develop Concept → Optimize Design → Verify and Launch

このフェーズは機能の定義と，その機能を達成する設計概念を考えるアイデア出しと設計概念の選択です．アイデア出しの進め方は Pugh のマトリックスによる設計アイデアの創造のプロセスを使うことを奨めます．これは，イギリス人の Stuart Pugh 教授が 1990 年に Total Design という著書で紹介したものです．アイデアが出尽きるまで繰り返すことがポイントです．

Pugh はアイデア出しの進め方であって，アイデア出しそのものには公理設計（Axiomatic Design），モーフォロジカルマトリックス，TRIZ の考え方が欧米のエンジニアに市民権を得ています．実用的な公理設計の概念とモーフォロジカルマトリックスは後で簡単に紹介します．まずはPughの手順を紹介します．

（1） Pughのマトリックスによるアイデア出しのプロセス

図3.7はPughのControlled Conversionという概念です．一巡目で例えば12の設計アイデアを評価して，5案に絞り込みます．この5案に新たな4案を足して，9案として，二巡目でそれらを比較して3案に絞り込みます．この3案に新たな3案を足して6案とし三巡目で比較してさらに絞り込みます．アイデアが出尽きるまでこれを繰り返します．カギは新たなアイデアを出していくことです．最終的に出てきた優秀なアイデアを5件ほど選んで，星取表である選択マトリックスで評価し，最良の設計アイデアを選択します．以下にPughのアイデア出しの手順を示します．

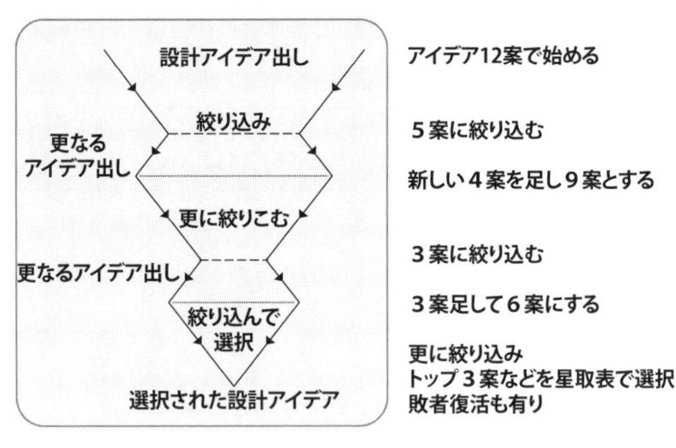

図3.7　Pughのアイデア出しのプロセス Controlled Conversion

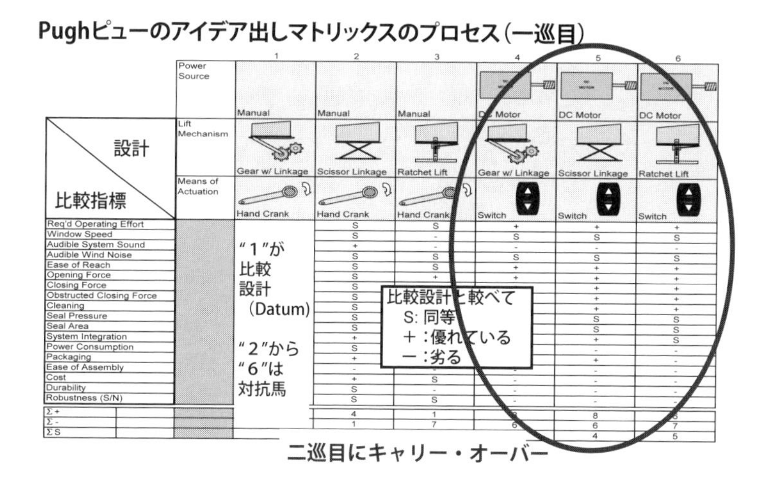

図 3.8　Pugh のマトリックス一巡目

Pugh のプロセスの一巡目のマトリックスの例を図 3.8 に示します．窓の開け閉め機構の例です．以下の Step-1 から Step-4 が Pugh の一巡目の手順です．

Step-1：Pugh 一巡目

アイデアの比較のための評価指標（クライテリア）を 12 ～ 24 項目ほど設定します．評価指標は以下を考慮して選択します．

- 品質の家から出てきた重要項目
- ボイス・オブ・ビジネス（開発コスト，製造コスト，等）
- DFX と言われる作りやすさ，サービスのしやすさなど
- 法規

DFX とは Design for X で，例えば Design for Manufacturability は製造のしやすさ，Design for Serviceability はサービスのしやすさ，Design for Environment は環境へのやさしさなどです．設計を評価する際に重要になり得る比較指標です．

図 3.8 にあるように，これらの評価指標を Pugh 一巡目のマトリックスの左

の行にリストします.

目的がアイデア出しなので評価指標には重み付けはしません. Pugh教授は, 重み付けをするとバイアスがかかり, 創造性に影響するからと強調しています. Pughを終えた後の最後の選択マトリックスで初めて重み付けをします.

Step-2：Pugh 一巡目

数ある設計アイデアから比較基準設計（Datum設計）を一つ選びます. Datumは現状設計の場合が多いのですが, Best-in-Classの競合の設計にするというのも奨められます. その場合Best-in-Classを打ち負かすというアグレッシブな姿勢です. 図にある縦軸の1がDatum設計です.

Step-3：Pugh 一巡目

Datumの他に対抗馬の設計アイデアを4～12件ほど選択します. 図にある縦軸の2～6が対抗馬の設計アイデアです.

Step-4：Pugh 一巡目

各対抗馬設計を比較指標ごとにDatumと比較して対抗馬設計が“S：同等”, “+：優れている”, “−：劣っている”の評価を議論によってざっくりと決めていきます. この段階ではデータがない場合が多いのですが, 英語でいうEducated Guessというチームのもっている知見や経験でざっくり評価します.

対抗馬の設計アイデアを指標ごとにDatumと比較します. ここまでがPughの 一巡目です. この後, 各設計アイデアの“−”や“+”の数などに注目して, 2～4件の勝ち組の設計アイデアを選びます. 勝ち組のアイデアは二順目にキャリーオーバーします.

これをやりながら, いかに“−”を“+”にするかなどを議論することによって, 新たなアイデアを創造することがPughの目指すところです. 出てきた新しいアイデアは“アイデアの駐車場”に置いておいて二巡目以降の対抗馬として評価します. Pughをやりながら議論をすることで刺激されて新たなアイデアが出てくることに期待しているのです.

Step-5：Pugh 二巡目以降

一巡目の勝ち組のキャリーオーバーされてきた数件のアイデアの他に，一巡目で取り上げなかったアイデアと一巡目で出てきた新たなアイデアなどを足して二巡目を行います．まずは二巡目のDatumを決めます．Datumは一番強そうな設計にします．一巡目でやった要領で対抗馬を“S”，“+”，“−”で 評価します．二巡目のアイデアの中から数件の勝ち組を選んで三巡目にキャリーします.新たなアイデアを足して三巡目をやります.図3.9は二巡目と三巡目です.これを四巡目，五巡目へとアイデアが出尽きるまで繰り返していくのです.

以上がPughのアイデア出しのプロセスです．アイデアを組み合わせたハイブリッドなアイデアを考えたり，アイデア出しのためのTRIZや公理設計を応用したりします．目的はアイデアが出尽きるまで繰り返すことで，最強のアイデアを目指すことです.

アイデアが出尽くしたと判断したら勝ち残った設計を最終選択マトリックス，いわゆる星取表として利用し，各設計アイデアを比較し，最も優秀な設計案を選択します．星取表に現状設計，競合設計，思い入れの強い設計，敗者復活のアイデアなどを足すことを奨めます．評価指標はPughの指標すべてを使うことを奨めます.

この最終選択マトリックスで初めて比較指標に重み付けをします．各設計アイデアを指標ごとに5段階評価などで成績をつけます．重みと評価点の積和で総合点を割り出しますが，単純に総合点が高いものを選ぶとは限りません．議論をして最終案を決めていきます．複数を選択して同時開発というセットベース開発とする場合もあります.

結果として短期に実現できる新設計，低コスト設計，高価であるが性能抜群の新設計，将来には是非実現したい設計アイデアなどが出てきます．将来，実現したい設計のための重要技術開発のテーマが見えてきます.

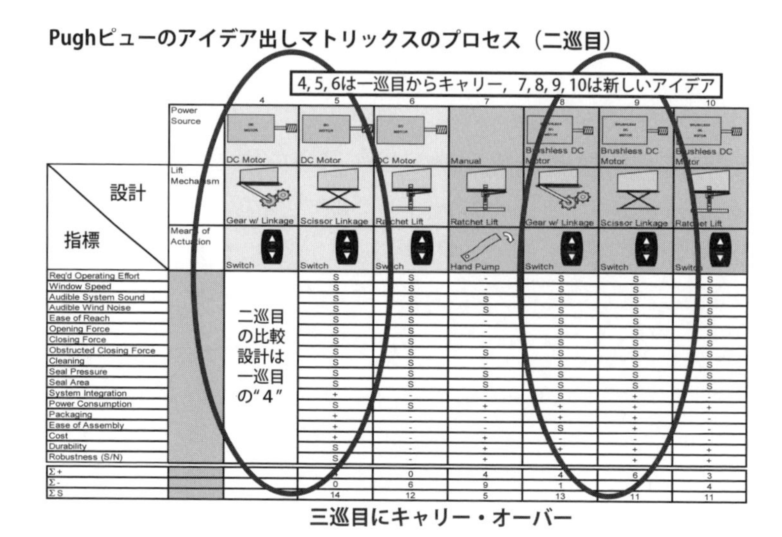

Pughピューのアイデア出しマトリックスのプロセス（二巡目）

4, 5, 6は一巡目からキャリー，7, 8, 9, 10は新しいアイデア

設計 ＼ 指標		4	5	6	7	8	9	10
	Power Source	DC Motor	DC Motor	DC Motor	Manual	Brushless DC Motor	Brushless DC Motor	Brushless DC Motor
	Lift Mechanism	Gear w/ Linkage	Scissor Linkage	Ratchet Lift	Ratchet Lift	Gear w/ Linkage	Scissor Linkage	Ratchet Lift
	Means of Actuation	Switch	Switch	Switch	Hand Pump	Switch	Switch	Switch
Req'd Operating Effort		二巡目の比較設計は一巡目の"4"	S	S	-	S	S	S
Window Speed			S	S	-	S	S	S
Audible System Sound			S	S	S	S	S	S
Audible Wind Noise			S	S	S	S	S	S
Ease of Reach			S	S	-	S	S	S
Opening Force			S	S	-	S	S	S
Closing Force			S	S	-	S	S	S
Obstructed Closing Force			S	S	S	S	S	S
Cleaning			S	S	-	S	S	S
Seal Pressure			S	S	S	S	S	S
Seal Area			S	S	S	S	S	S
System Integration			+	-	-	S	+	-
Power Consumption			S	S	+	+	+	+
Packaging			+	-	-	+	+	-
Ease of Assembly			+	-	-	S	+	-
Cost			+	-	+	-	-	-
Durability			S	-	+	+	+	+
Robustness (S/N)			S	-	+		+	+
Σ+			[illegible]	0	4	4	6	3
Σ-			0	6	9	1	[illegible]	4
ΣS			14	12	5	13	11	11

三巡目にキャリー・オーバー

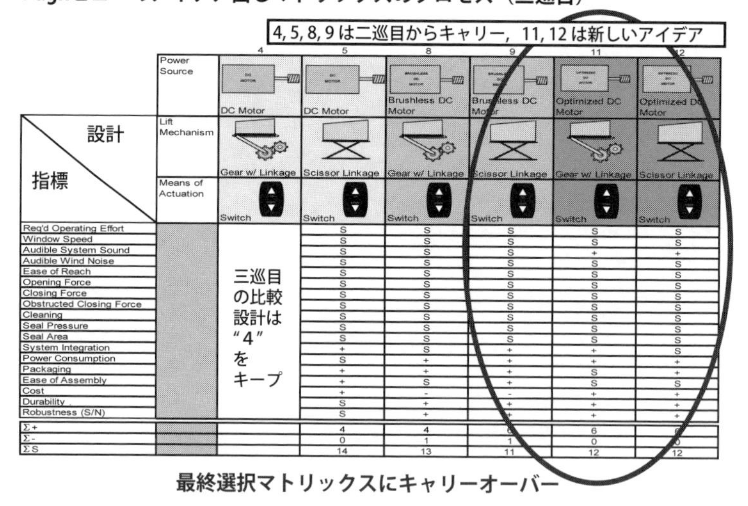

Pughピューのアイデア出しマトリックスのプロセス（三巡目）

4, 5, 8, 9 は二巡目からキャリー，11, 12 は新しいアイデア

設計 ＼ 指標		4	5	8	9	11	12
	Power Source	DC Motor	DC Motor	Brushless DC Motor	Brushless DC Motor	Optimized DC Motor	Optimized DC Motor
	Lift Mechanism	Gear w/ Linkage	Scissor Linkage	Gear w/ Linkage	Scissor Linkage	Gear w/ Linkage	Scissor Linkage
	Means of Actuation	Switch	Switch	Switch	Switch	Switch	Switch
Req'd Operating Effort		三巡目の比較設計は"4"をキープ	S	S	S	S	S
Window Speed			S	S	S	S	S
Audible System Sound			S	S	S	+	+
Audible Wind Noise			S	S	S	S	S
Ease of Reach			S	S	S	S	S
Opening Force			S	S	S	S	S
Closing Force			S	S	S	S	S
Obstructed Closing Force			S	S	S	S	S
Cleaning			S	S	S	S	S
Seal Pressure			S	S	S	S	S
Seal Area			S	S	S	S	S
System Integration			+	S	+	+	S
Power Consumption			S	+	+	+	+
Packaging			+	+	+	S	+
Ease of Assembly			+	S	+	S	S
Cost			+	-	-	+	+
Durability			S	+	+	+	+
Robustness (S/N)			S	+	+	+	+
Σ+			4	4	6	6	6
Σ-			0	1	1	0	0
ΣS			14	13	11	12	12

最終選択マトリックスにキャリーオーバー

図 3.9　Pugh のマトリックス二巡目と三巡目

(2) 公理設計による多機能システムのアイデア出し

次に多機能システムの設計のためのアイデア出しの考え方公理設計（Axiomatic Design）について説明します．

多機能システムの設計概念創造に役立つ公理設計とは米国 MIT の機械工学部長を務めていたナム・スー（Num Suh）教授によって 1990 年に提唱されました．

白紙から多機能のシステムを設計する際に，各機能（FR=Functional Requirement）を達成する仕組み（DP=Design Parameter）がお互いに干渉することなく，独立することを理想として進めていくのが目的です．日本はすり合わせの技術に長けていますが，すり合わせは FR と DP が独立していないから必要なのであって，理想はすり合わせの必要がない設計です．このような概念は設計担当のエンジニアは考えていると思いますが，公理設計はそれをシステマティックに進めていく方法論です．

各機能 FR とその FR を実現する仕組みの DP が独立していない設計を“カップリングしている”という表現をします．カップリングは“干渉”という意味です．カップリングのない設計を“アンカップルド設計”，カップリングしている設計を“カップルド設計”といいます．

カップルドデザイン	DP-1 水の蛇口	DP-2 お湯の蛇口
FR-1 水量の調節	X	X
FR-2 温度調節	X	X

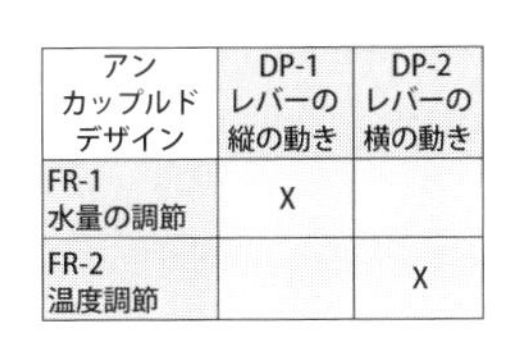

アンカップルドデザイン	DP-1 レバーの縦の動き	DP-2 レバーの横の動き
FR-1 水量の調節	X	
FR-2 温度調節		X

図 3.10 カップルド設計とアンカップルド設計の概念

この概念を図 3.10 の蛇口の設計の簡単な例で示します．機能は 2 つで，FR1 は“ほしい水量に調節する”と FR2 を“ほしい温度に調節する”と定義するのが妥当でしょう．

図の左の設計はこの2つの機能を達成するためのDP1は“水の蛇口”とDP2は“湯の蛇口”です．FRとDPの2元表を作りDPがFRに影響する場合に“X”とすることでカップリングを調べます．DP1を調整すると，水量と温度の両方に影響してしまいます．DP2も同様です．この設計のDP1とDP2は，FR1とFR2の両方に影響することからカップルド設計となります．右の設計はDP1は“レバーの横の変位”，DP2は“レバーの縦の変位”となるので，アンカップルド設計であることがわかります．

カップリングが多いと，難しいすり合わせが必要な設計になります．パソコンはモジュール化されていますからカップリングが少ない設計です．自動車はドア閉め機能とシーリング機能など何かとカップリングが多い複雑な設計です．

図3.11にカップリングの度合いの異なる3つの例を示します．アンカップルド設計はすべてのDPを同時に開発することが可能ですから開発期間を短縮できます．ディカップルド設計は図にあるように対角線の上半分に“X”がない設計なので，DP1，DP2，DP3，DP4の順番で開発すれば手戻りが減ることが期待されます．DP1でFR1を満足して，DP2でFR2を，DP3でFR3を，最後にDP4でFR4を満足します．右端のカップルド設計は難しいすり合わせが必要になります．

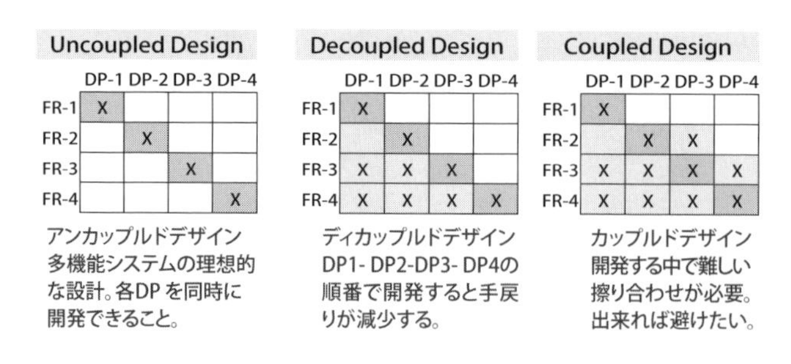

図3.11　アンカップル，ディカップルとカップルド設計

多機能システムの場合，1件の設計変更が複数の機能に影響するような設計

は避けたいのです．

アンカップルド設計：

- ❑ 設計しやすい
- ❑ 各DPの同時開発が可能で，手戻りが少ないため，開発期間短縮に貢献する
- ❑ サイマルテニアス・エンジニアリングを可能にする
- ❑ 製造や組み立てが容易になる
- ❑ サービスやメインテナンスがしやすい
- ❑ 設計変更や再設計がしやすい
- ❑ 修理がしやすい

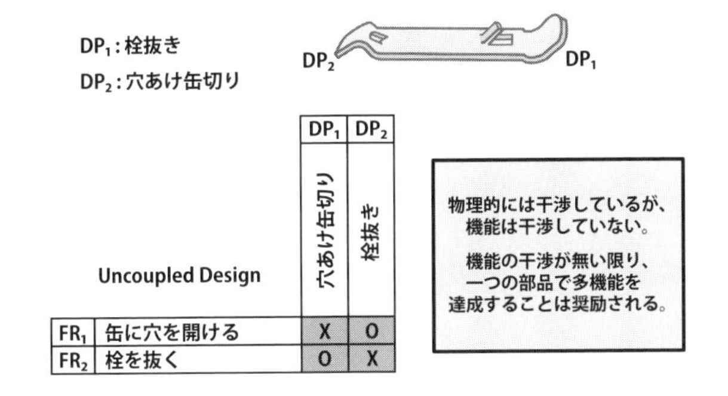

図 3.12 栓抜き缶切り一体型（ナム・スー，1990）

図3.12の栓抜きと穴あけ缶切りはアンカップルド設計です．物理的に干渉はしていますが，2つの機能は独立しています．一つの部品で2つの機能を達成することは干渉がない限り奨励されます．

公理設計の使われ方は以下の2通りです．

1．多機能のシステムを白紙から設計する際に各機能を達成するサブシステムが完全に独立したアンカップルド設計を目指します．各FRを定義してFRごとに独立したDPになるようにモーフォロジカルマトリックスとPughを併用してDPのアイデア出しをすることになります．モーフォロ

ジカルマトリックスはこの後に紹介します．

2．現状設計のカップリングの度合いをFR-DPマトリックスで解析をすることで，カップリングを把握して，新たなアイデアを出してカップリングの少ない設計に変更していくことを目指します．その対策は図3.13に示すようにDPの設計概念を変えること，補正の機能を足すこと，ロバスト性の最適化を図ることなどがあります．

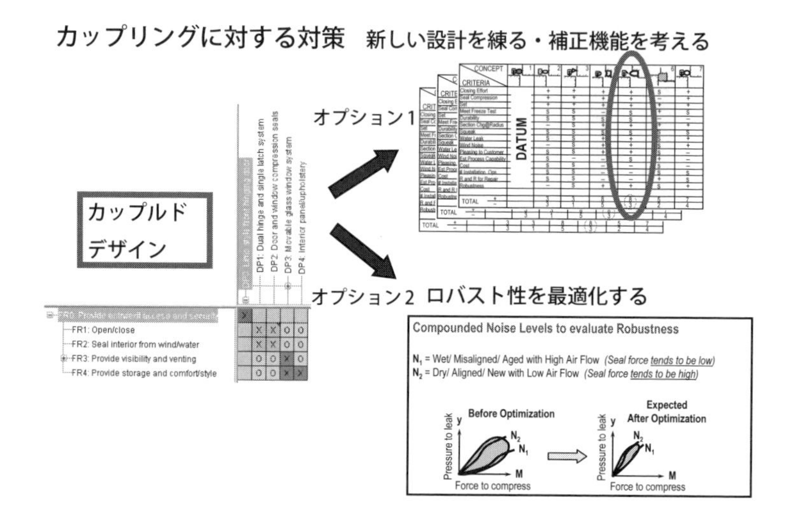

図3.13　強いカップリングに対する対策

自動車のFR1：ドア閉めの機能とFR2：ドアのシーリングの機能はシール・ヒンジ・ラッチ・ドア側の形状・ボディ側の形状などのDP群に影響を受けるので，現状の設計はカップリングの激しい設計です．この場合の対策は以下のようなものがあります．

対策-1：干渉のない新しい設計概念に変える

対策-2：ドアがラッチングする直前に，窓を数センチ開けて，ラッチング直後に窓を閉めるという補正の機能を足す．室内の空気を逃がすことでドア閉めが楽になり，シールも十分圧縮されてシール性も保たれる．

対策 -3：少ない変位量で大きなシール力をロバストに発生できるようにシール設計を最適化すれば，シール性もドア閉めも改善が期待できる．

（3）　モーフォロジカル（形態要素）マトリックスとは

図 3.14 のような機能ブロック図を作成して，各機能を達成する現状の DP を挙げます．図は現状の PCB の冷却システムです．

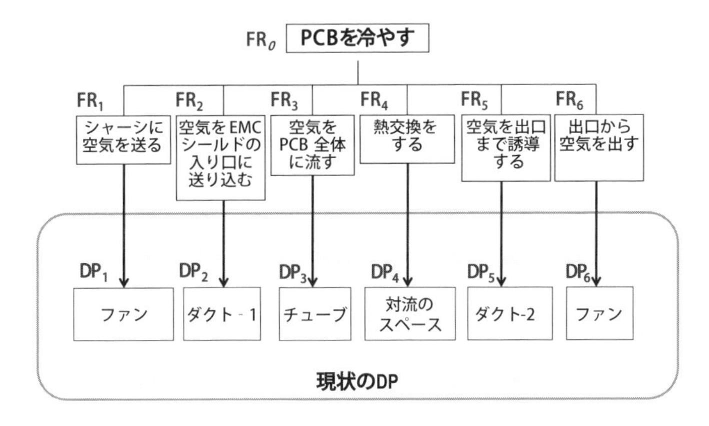

図 3.14　FR と DP を示した機能ブロック図

モーフォロジカルマトリックスは各機能の現状の各 FR を実現する DP に対して，新たな方式を DP’ DP” DP”’ DPIV など新しいアイデア出しをするためのマトリックスです（図 3.15 参照）．この段階でアンカップルドの設計の DP の組合せを目指します．

各FRに対してDPのアイデア出しをする

FRs \ Soln's		DP	DP'	DP"
FR$_1$	Flow Air Into Chassis	Fan (DP$_1$)	Negative Pressure [rely on exhaust] (DP$_1$')	Compressed Air Flow (DP$_1$")
FR$_2$	Direct Air to Entrance of EMC Shield	Duct (DP$_2$)	Multiple Ducts (DP$_2$')	Duct with Flow Distributors (DP$_2$")
FR$_3$	Direct Air Across PCB Components	Tubes (DP$_3$)	Vents (DP$_3$')	
FR$_4$	Transfer Heat from PCB Components to Air	Convection (DP$_4$)		
FR$_5$	Direct Air to Chassis Exit	Free Flow (DP$_5$)	Duct (DP$_5$')	Multiple Ducts (DP$_5$")
FR$_6$	Exhaust Air from Chassis	Fan (DP$_6$)	Positive Pressure [rely on intake] (DP$_6$')	Suction (DP$_6$")

図 3.15 各FRに対するDPのアイデア出し

図3.15の場合は 3×3×2×1×3×3=162通りのDP組合せがあり，そのうち良さそうなのを8個ぐらい選択しPughの第一巡目で評価して，二巡目，三巡目と続けていきます．

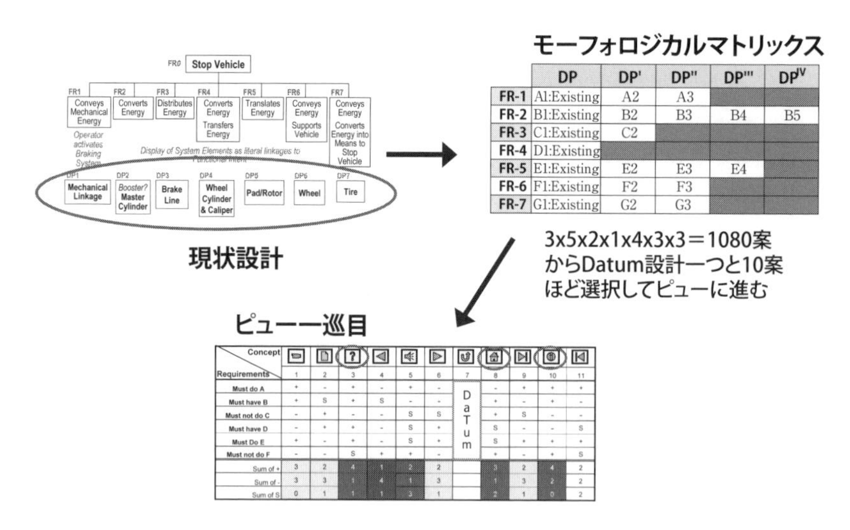

図 3.16 機能ブロック図 ☞ モーフォロジカルマトリックス ☞ Pugh一巡目

図 3.16 はブレーキシステムの例で機能ブロック図 ☞ モーフォロジカルマトリックス ☞ Pugh 一巡目への流れを示しました.

これらは現状設計案の FR 群を仮定していますが, “PCB を冷却する” や “車を減速する” というシステムの目的機能や要求機能に対して新たな FR 群を TRIZ などを利用して考案し, モーフォロジカルマトリックスで各 FR の DP の候補を挙げていきカップリングのない, もしくは少ない設計を目指すことが奨められます.

3.2.4　IDDOV の O

Develop Concept で選択された設計を最適化するフェーズです. 最適化は品質工学の応用を奨めます. 詳細は第 4 章で議論されるので, この章では基本的な考え方のみを示します.

品質工学によるロバスト性技術情報獲得とロバスト性最適化のキーコンセプト

- ❑ 動特性を定義してその理想機能を見極める

  システムの本来の基本的な機能とその理想の姿を簡単な数式で定義をします.
- ❑ ノイズ因子と制御因子を選別する

  材料・形状・バネ係数・ソフトのパラメータなど, 設計者がその値（水準）を設定できる設計パラメータが制御因子です.

  市場での使用環境・劣化・製造のバラツキなど, 設計者がその値（水準）を決められない機能のバラツキ要因の因子がノイズ因子です.
- ❑ ロバスト性を最優先する

ノイズに影響されない度合いをロバスト性と定義します．ロバスト性の良い設計は不具合を起こしにくいのです．ノイズに対するロバスト性を最優先して最適化を図ります．

❑ 機能性評価（ロバスト性の評価）の方法を開発する

ロバスト性をものづくりプロセスの上流である技術開発段階で，工数をかけずに，低コストで，確実に評価できる試験・実験を定めます（付録3参照）．

❑ ロバスト性の最適化をする

設計スペースを網羅・探索して，ロバスト性の評価をすることで，低コストでロバスト性を実現する制御因子の組合せを見極め，ロバスト性に関する信頼できる技術情報を得ます．このことでロバスト設計が実現します（付録2参照）．

（1） 理想機能を見極める

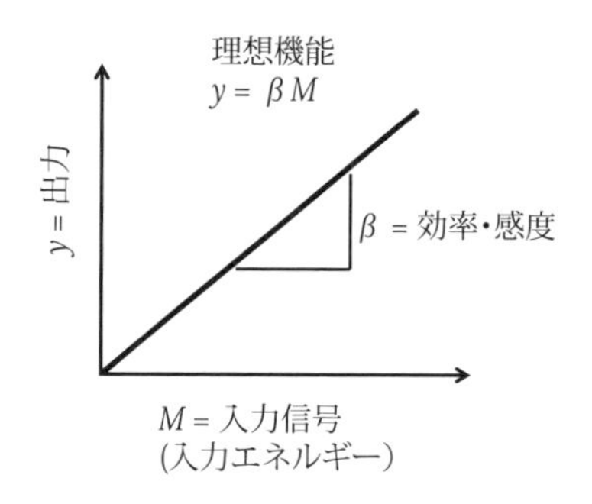

図 3.17　最も多く使われる理想機能の形：$y = \beta M$

システムには意図された機能があり，機能の理想の形が存在します．最も多く定義される理想機能は図3.17に示した $y = \beta M$ です（ここでは目的機能と基本機能を合わせて理想機能と呼ぶことにします．目的機能については2.2.2項，基本機能については4.2節参照）．一般的に機能は入力 M を出力 y に変換することで，意図した仕事を達成するのです．理想機能を定義するにあたって以下の考え方が有効です（付録 3 参照）.

- ❑ 機械・電気・化学系のシステムでは，物理やエネルギー変換を考えます.
- ❑ ソフトの場合は情報の変換を考えます.
- ❑ サービスの場合は費やしたリソースが入力 M で，出力は果たされた仕事量 y です.
- ❑ “紙を送る”，“車を減速する” など名詞と動詞で機能を表現します.
- ❑ その理想の姿を簡単な数式で表します.

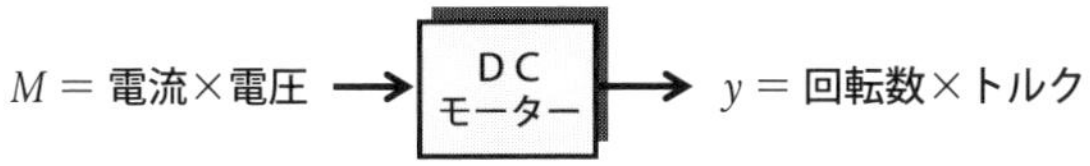

M = 電流×電圧 → DC モーター → y = 回転数×トルク

図 3.18　DC モーターの理想機能：$y = \beta M$

DC モーターには 振動・騒音・発熱・様々な負荷におけるトルク・消費電力・寿命など様々な要求項目がありますが，図 3.18 にあるように，基本的な機能は電力を回転力に変換することでしょう．このエネルギーやパワーの変換のロバスト性と効率を最大化することで，要求項目群を満たそうという一石百鳥を目指すのがロバスト設計の戦略です.

表 3.1 に理想機能の例を図に示しします．$y = \beta M$ が典型的な理想機能の式になります.

表 3.1　理想機能の例

システム	機能	入力信号　M	出力　y	理想機能
機械加工	材料を削り取る	消費電力	削った量	$y = \beta M$
風力発電	電気を起こす	風力	電力	$y = \beta M$
空調のファン	風を送る	消費電力	空気流量	$y = \beta M$
自動車のブレーキ	減速する	油圧	ブレーキトルク	$y = \beta M$
自動車の操舵	曲がる	ハンドル角度変位	曲がる力・横加速	$y = \beta M$
自動平行駐車	駐車する	各位置の理想の操舵角	実際の操舵角	$y = \beta M$
照明	明るさを出す	消費電力	照度	$y = \beta M$
自動スライドドア	ドアの開け閉め	消費電力	ドアの移動距離	$y = \beta M$
燃料ポンプ	ガソリンを送る	電圧 x 電流 / 液圧	流量	$y = \beta M$
衝突性能	人を守る・安全性	衝突速度	吸収されるべき部品で吸収された総エネルギー	$y = \beta M$
スイッチ操作	操作感	変異量	力	理想の曲線
もやしの成長	成長する	時間	重量	指数関数
予測のシステム	予測する	予測対象の真値	予測値	$y = \beta M$
予測のシステム	運転中の歩行者認識	追突までの時間の真値	追突までの時間の予測値	$y = \beta M$
化学反応	A ＋ B → C ＋ D	時間	反応した A の率	指数関数
病院の救急室	患者を診る	延べ人時	重み付けた患者の累計	$y = \beta M$
○×試験	能力の評価	正解	回答	0-1 → 0-1
エアバッグの展開	診断	展開無しない・する	展開無しない・する	0-1 → 0-1
一般的な診断	診断	実際の状態	診断結果	0-1-2-3 → 0-1-2-3
体重計	体重を測る	体重の真値	計測された物理量	$y = \beta M$

（2）　ノイズ因子とロバスト性

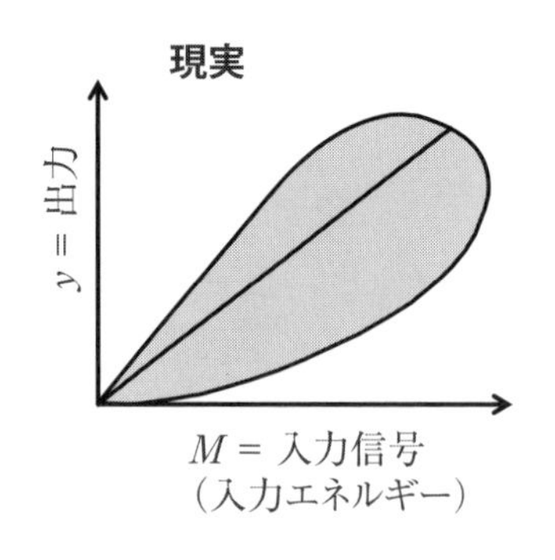

図 3.19　ノイズ因子による機能のバラツキ

理想機能を完璧に達成することはほぼ不可能です．何故ならノイズ因子が存在するからです．図3.19にある理想機能の廻りの膨らみが，ノイズによるばらつきを示しています．

- ❑ 市場での使用環境・劣化・製造のばらつきなど，設計者が水準を決められないばらつき要因の因子がノイズ因子です．
- ❑ ノイズ因子はエネルギー変換の効率を低下させたり，エネルギー変換のばらつきを生じさせるのです．
- ❑ エネルギー変化の効率が低い，あるいはそのばらつきが大きいと不具合や品質問題を引き起こすというのが戦略的な考えです．そのためにロバスト性に注目して最適化するのです．

図3.20にノイズのカテゴリーを示します．

ノイズのカテゴリー
1. 使用環境
2. 劣化
3. 製造のバラツキ
4. 廻りのサブシステム

図3.20 ノイズ因子のカテゴリー

（3） ロバスト性の最適化

ロバスト性最適化とは理想機能に対して，ノイズの影響が最小の設計を目指すことです．その結果として，再現性のある，信頼できるロバスト性の技術情報を得るのです．それを個々の製品企画に先行して実施することで，大幅な開発期間の短縮が可能になります．

図3.21にロバスト性の悪い設計と，ロバスト性に優れた設計を概念的に示しました．

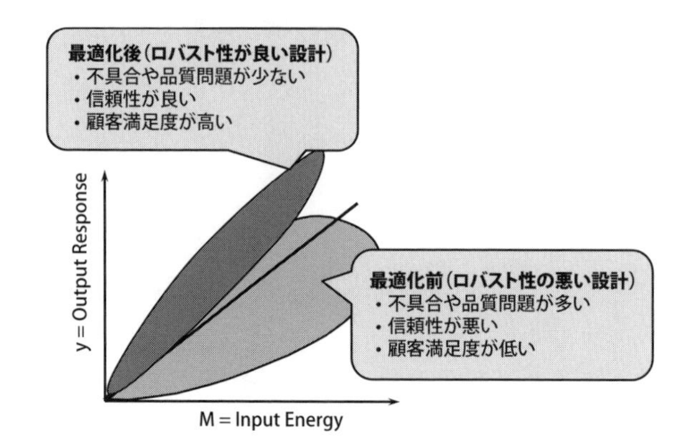

図 3.21 ロバスト性の悪い設計と，ロバスト性に優れた設計

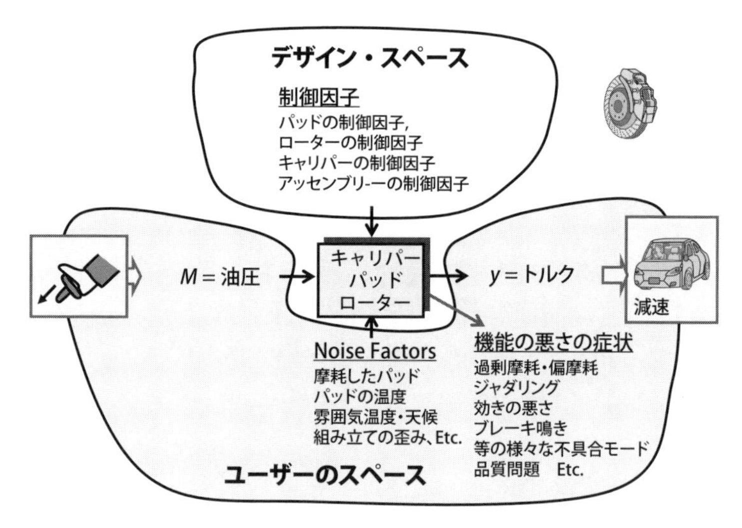

図 3.22 ロバスト性最適化のための情報をまとめたP- ダイアグラム

図 3.22 にロバスト性の最適化のための P- ダイアグラムの例を示しました．P はパラメターの P です．最適化は制御因子で実験を組んで，意図的に入力 M とノイズ因子を振って，出力 y を測ることで，ロバスト性が最大化する制御因子の組合せを探索することです．制御因子のロバスト性に対する効果と，

エネルギー変換の効率に対する効果が再現性のあるロバスト性の技術情報として得られるのです（付録 2, 3 参照）.

効果的なロバスト性最適化の試験・実験の計画のための 8 ステップを図 3.23 に示します.

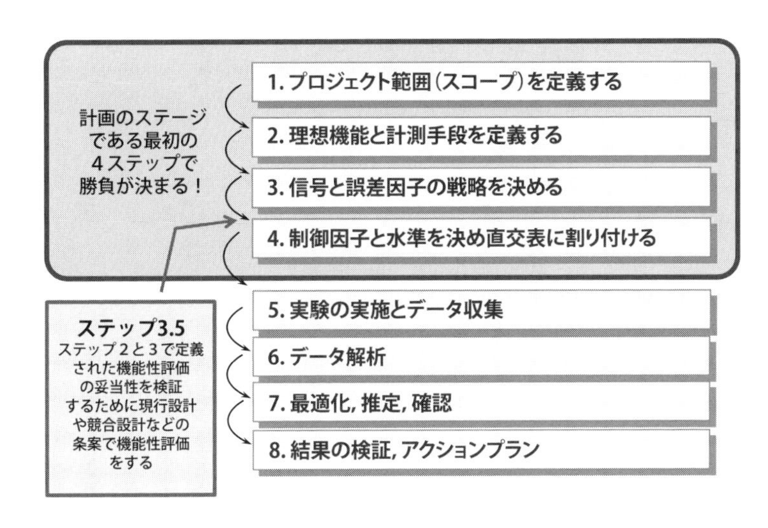

図 3.23　ロバスト性の最適化と技術情報獲得の 8 ステップ

本書では取り上げないその他の品質工学の技法・手法を以下に挙げます.

- ❑ 損失関数はロバスト性の乏しさによる社会的損失を金額で推定します. コストと損失を比較して投資の意思決定に役立ちます.
- ❑ 許容差設計は損失関数を利用して，品質と投資コストのバランスをとる方法です.
- ❑ MT システムは診断やパターン認識の機能の誤診による擬陽性と偽陰性が発生する損失の最小化を目指します.

その他の品質工学の最適化ツール
損失関数，許容差設計，MTシステム，CS-T法，Etc.

3.2.5　IDDOVのV

Identify Opportunity → Define Requirements → Develop Concept → Optimize Design → Verify and Launch

Verifyのフェーズはプロジェクトの結果の検証が主な目的で，以下のような内容です．

- ❑ プロジェクトの結果と成果の検証をする．
- ❑ Do No Harmの検証をする．
- ❑ 必要であれば設計のバリデーション試験を実施する．
- ❑ レッスンラーンド 反省点を挙げる．
- ❑ アクションプランを提示する．
- ❑ DFSSテーマデータベースに登録する．

テーマごとにどこまで検証するべきかを見極める必要があります．チームリーダーはパワーポイントのレポートを作成し社内のデータベースに登録します．DFSSのプロジェクトは社内の誰でも検索できるようにします．最後に，プロジェクトスポンサーとDFSSコーチの承認を得てテーマ終了とします．

TQM，シックスシグマ，DFSSに共通する目的は人財育成にあります．シックスシグマとDFSSではスキルのレベルごとに，Yellow Belt，Green Belt，Black Belt，Master Black Beltを取得する認証システムが必ず組み込まれています．プロジェクトリーダーとして様々なプロジェクトを経験した上でブラックベルトやマスターブラックベルトを目指していくことになります．ベルトの色は給料にも反映されるのです．

3.3　企業の戦略としての DFSS

図3.24に企業戦略としてのDFSSの概念を示しました. 図の中にあるように, 基礎研究から市場でシェアを獲得するまでには以下のような大きな三つの障壁が存在すると言われています.

魔の川：基礎研究テーマから製品開発に応用できるまでの障壁
死の谷：開発開始から要求を満たした設計になるまでの障壁
ダーウィンの海：市場における競合や様々な顧客の使用条件という障害

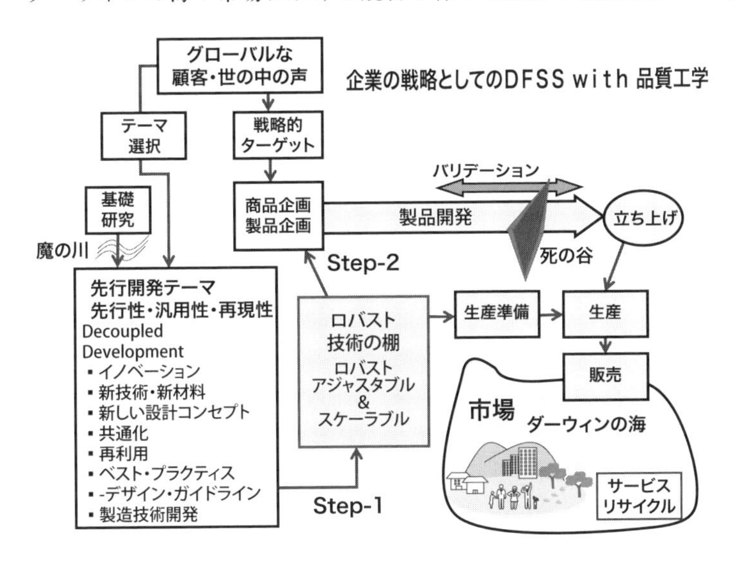

図 3.24　企業戦略としての DFSS

品質工学を中心としたDFSSでこれらを乗り越えていきたいのです. 品質工学の創始者である田口玄一は, 競争に勝つために確保したい技術の特性は先行性, 汎用性, 再現性としています.

先行性

1　新しい技術や製品を他社に先行して開発する.

2　製品企画の前に顧客の要求機能の安定性を確保することでロバスト技術開発を先行させる.

汎用性

特定の技術や製品ではなく，同種の機能の技術や製品，将来の製品にも適用可能である.

再現性

テストピースやCAEの活用で，下流の大量生産や市場における結果との一致性を高める.

❑ 先行-1は魅力的な“新しい機能”や“新しい方式”を他社に先行して市場に提供することです.

❑ 先行性 - 2は，品質工学の2段階設計を適用することで実現できます.
2段階設計のステップ-1はロバスト性のための技術情報を確保してロバスト性の最適化をします．このステップ-1は個々の製品企画に先駆けてやることは可能ですし，やるべきなのです.
2段階設計のステップ-2は個々の製品のスペックに合わせ込むチューニングになります．このチューニングのためのノウハウである“アジャスタビリティ”と“スケーラビリティ”のノウハウはステップ - 1で確保できるのです．このことで同じような機能をもつ製品群や将来の製品のロバスト性を確保するという汎用性が実現できるのです (4.1.4項参照).

❑ ロバスト技術の棚にこれらのロバスト設計のための技術情報を蓄積しておくことで大幅な開発期間短縮が期待できます.

❑ 自転車の設計開発・製造・販売を生業としていたライト兄弟は，飛行機の開発の競争に参加しました．彼らは小型の風洞を自作して様々な飛行機の機体設計の安定性を，早く安く安全に評価できたことにより，熾烈な競争に勝つことができたのです．風洞で良い設計なら実機でも良い設計というのが再現性です．いかに本質的な機能のロバスト性をうまく評価できるかが競争力につながります．再現性が見込める簡単なジグやテストピースやシミュレーションを開発することを考えてください．エンジニアやマネジメントはそれを常に意識するべきですし，それも仕事です．

結語

DFSSのIDDOVの流れを紹介しました．シックスシグマのDMAICは国際標準のISOで標準化されていますが，DFSSは標準化されていません．そのためにここで紹介したIDDOVの他に，DMADVやDMEDIといったフェーズモデルが多数存在します．どのモデルでも基本的に，テーマ選択・要求の整理・アイデア出し・最適化・検証という5つのフェーズの要素は同じです．そして，これらの要素はPDSAのどれかに対応しますが，どのような技法を強調しているかに違いがあります．例えば最適化には応答曲線を奨めるなどです．いずれにしてもTRIZ，応答曲線，モンテカルロ，DFMEA，PFMEA，DRBFM，FTA，R-FTA，実験計画，多変数解析などの手法を必要に応じて使うことが奨励されます．

最終的な結論としてDFSSが対象としているのは2つです．“Voice of Customer”と“Robust Design”に尽きます．

注：この章で使用した図と表はASI Consulting Groupのコピーライトのもので，許可を得て使用した．

第4章　課題の達成に向けての提言 ～T7の有効活用による技術開発力の向上～

本章の要旨

お客様の期待を超える製品を実現するためには，技術開発活動の効率性の追求に加えて，技術者の創造性が効果的に引き出される仕組みを導入することが必須です．第3章では技術開発プロセスを設計する仕組みの例として欧米におけるDFSSについて説明しました．DFSSをベンチマークし，日本発の技法を加えた上で，さらに柔軟性をもたせた仕組みがプラットフォーム“T7”です．本章ではT7に至った背景，T7の概要，T7の活用方法について説明します．

4.1　Technology 7に至る背景

2019年11月に日本を代表する品質分野の2つの学会，品質工学会と日本品質管理学会によって，“商品開発プロセス研究会”が立ち上がり，産学共同の研究がスタートしました．この研究会発足の背景には，現在の日本製造業がおかれた厳しい状況を打開し，再び世界のフロントランナーとしての地位を確保したいという想いがありました．以下に，商品開発プロセス研究会の3つのWGを示します．

WG1「顧客価値創造の上流プロセスの開発」
WG2「創造性と効率性を両立した技術開発プロセスの構築」
WG3「損失関数の新事業プロセス評価への適用研究」

この中で，WG2の活動の成果が，本章で解説する技術開発プロセスを設計するプラットフォーム“T7”です．ここでT7はTechnology 7の略です．参考に他の2つのWGの研究活動の狙いを示します．

WG1：魅力品質を実装していくためのニーズ起点での商品企画のプロセスの構築

WG3：主に新規事業への投資の意思決定のための損失関数の活用方法に関する研究

4.1.1 日本製造業の競争力低下の根本要因

“日本製造業が国際競争力を低下させてしまった根本要因はなにか”．WG 2の研究活動のスタート時に，WG2のメンバーでフリーディスカッションを実施したときの最大のテーマがこれでした．前書きでも述べたように，1990年代に日本企業が世界のフロントランナーとなった後に失われた30年が始まってしまいました．例として半導体事業が日本製造業凋落の代表として，よく取り上げられますが，その要因として以下のようなことが語られています．

- タイミング良く大工場を作って，シェア拡大を達成した海外勢に負けてしまった．
- 新興国が国家レベルで企業育成に取り組んでいる一方で，日本企業の投資が縮小してしまった．

このような外的な要因の存在は否定できないでしょうが，各企業の中により根本的な要因があったのではないかと思います．外的な要因はコントロールすることはできませんが，社内要因は自分たちの意識と行動を変えることで良い方向に変えることができます．そういう意味でも企業内部に存在する要因に注目することは，今後の継続的な企業の発展のために最も効果的であると思います．

筆者は，ハードディスクの製品設計に携わりましたが，この分野で日本勢は競争に負けてしまい，米国の専業メーカー２社が80%以上のシェアを占める結果となってしまいました．半導体同様に大規模工場のための投資力に差があったことも事実でしょう．しかしながら，その頃，技術開発や製品設計の現場にいた実感から筆者は，技術開発や製品設計の効率性と創造性の点で我々日本企業は米国企業に劣っていたのではないか，そしてそれによってグローバル競争で負けてしまったのではないかと感じています．

4.1.2　キャッチアップ時代のやり方のリスク

Japan as No.1 と言われていた頃の日本製造業のものづくりには，良い面がたくさんありましたが，変えなければいけないところもありました．中長期視点での大きな目標をチームワークで達成する組織横断的な活動は良い面の一つです．これを欧米企業は日本企業から学び，現在の競争力となっていることは前述したとおりです．日本製造業は大きな目標をチームワークで達成するという組織文化をもう一度取り戻す必要があります．一方で，1980 年代までのキャッチアップ時代のやり方が通用しなくなったにもかかわらず，現在でも多くの企業が変われないままでいるのが，ものづくりのやり方です．それは“作って直す”という確認修正のプロセスです．

4.1.3　製品設計から技術開発へ

作って直す確認修正のプロセスが現在ではとても大きなリスクであることを図 4.1 に示します．ここで矢印の真ん中が目標性能です．1980 年代までは，主に欧米企業が完成させた技術を骨格として導入し，そこにブレークスルーを必要としないレベルでの自社固有の特徴を付加する横並び競争で事業を成長させることができました．性能とロバスト性が両立確保できている技術を社外から導入できるのであれば，技術を創り込む技術開発にリソースを投入せずに，できるだけ早く製品設計に入り，試作品を作って問題を顕在化させて，見えてきた問題をつぶすやり方も通用します．技術開発にリソースを投入するよりも，製品設計に多くの人員と時間を集中投入する方が市場投入までの期間を短くすることができるかもしれません．長時間残業や休日出勤などによる問題対策が有効に機能していた時代とも言えます．

ところが 1990 年代以降，フロントランナーとなった日本製造業は，事業成長のために自前で技術を完成させることが必須の時代となりました．自社独自の技術ですから，自分たち自身で市場投入可能な性能とロバスト性を両立確保する必要があります．そして，性能とロバスト性を両立確保するためには対象システムの構造や制御因子を新たに考案する必要がある場合が多いのです．ところが，システムや制御因子を発想する創造活動には失敗がつきものです．失敗から学ぶプロセスが創造の原動力と言っても過言ではありません．タイトなスケジュールが組まれている製品設計段階で時間管理ができない創造的な活動を実施することは無理があります．製品設計段階では新しい技術にチャレンジする余裕がないのが普通です．そして，製品設計段階では水準変更可能な制御因子はわずかしかないことが一般的です．一部の制御因子の水準を最適化するだけで性能とロバスト性を両立確保できるケースは少ないのです．そのため，製品設計前の技術開発段階で性能とロバスト性を両立確保することの重要性がこれまで以上に高まっているのです．

“1980年代まで”

的の中心＝目標

“目標性能達成”

“ロバスト性確保できる”

技術開発段階

製品設計・試作段階

“1990年代以降”

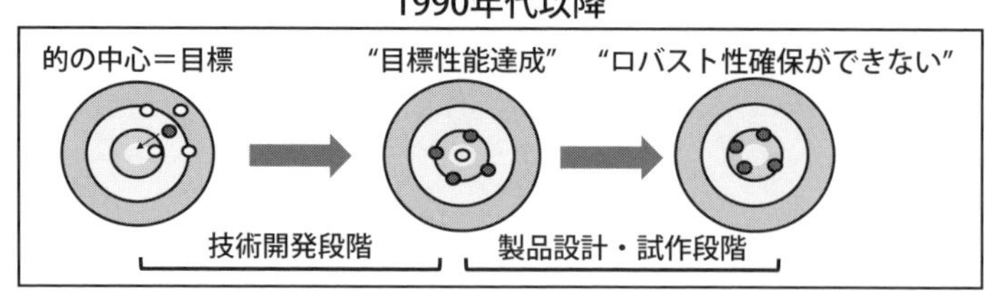

図 4.1　従来のものづくりとその限界

出典　細川哲夫（2020）：タグチメソッドによる技術開発～基本機能を探索できる CS-T 法，日科技連出版社，p.2 の図 1.1 に一部加筆

4.1.4 フロントローディングの実現

フロントローディングの実現とは，作ってみて顕在化した問題を直す受身的な確認修正のプロセスから，下流での問題を先取りしながら積極的に技術を創り込む予測対応型のプロセスへの変革を実現することです．フロントローディングのイメージを図 4.2 に示しました．

これまでの品質工学は製造現場や市場でのロバスト性を技術開発段階で予測評価することを目的としていました．ロバスト性の予測の必要性は今でも変わりませんが，それだけではロバスト性を向上させることはできません．ロバスト性を確保した上で感動品質を実現する，つまり Q を創造的に創るための新たな仕組みが T7 です．

T7 によって創造性と効率性を両立した技術開発プロセスを実現できれば，図 4.3 のように様々な製品に適用可能な幅広い性能範囲とロバスト性を両立確保することができます（図 4.3 の真ん中）．このことは技術の汎用性だけではなく先行性を実現する意味でも重要です．技術開発段階では製品仕様が決まっていないことが一般的ですが，目標値が決まってから性能とロバスト性を確保

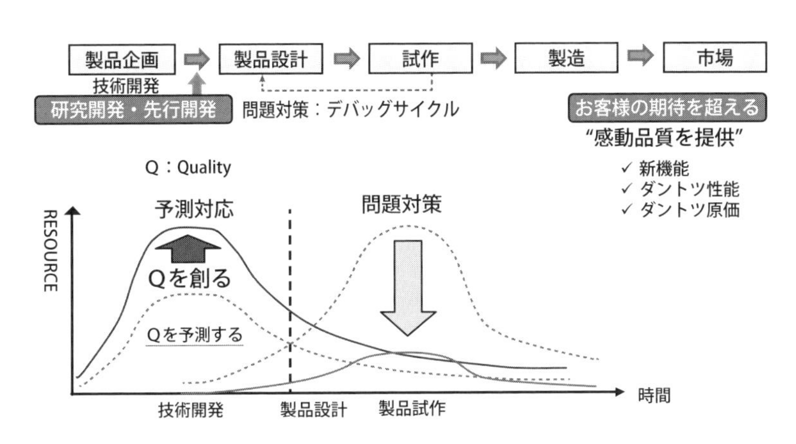

図 4.2 技術開発へのリソース投入によるフロントローディング

出典 細川哲夫（2020）：タグチメソッドによる技術開発～基本機能を探索できる CS-T 法，日科技連出版社，p.9 の図 1.5 に一部加筆

する活動を開始するのでは遅すぎます．図 4.3 の真ん中の弓矢のように，幅広い性能範囲でロバスト性の確保を目指すことは，技術開発の活動を早期に開始する戦略です．技術開発の狙いは製品設計段階での技術的なリスクを低減し，簡単なチューニングだけで様々な製品を市場投入できる状態を実現することです．図 4.3 のように事前に幅広い性能範囲でロバスト性を確保し，その後に目標性能にチューニングするアプローチを２段階設計と呼びます．

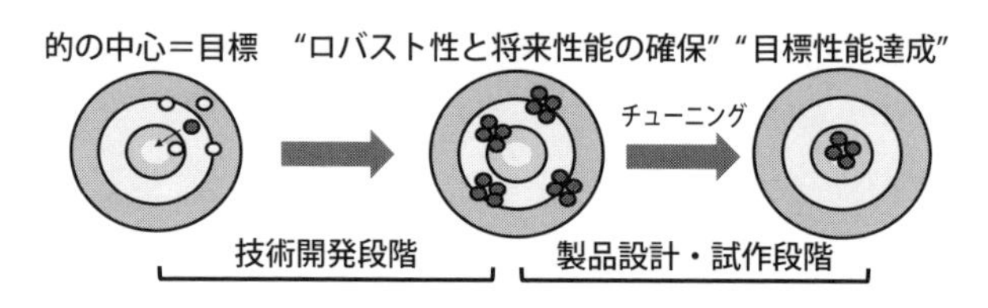

図 4.3　技術開発のゴールと製品設計のイメージ

出典　タグチメソッドによる技術開発～基本機能を探索できる CS-T 法，細川哲夫，日科技連出版社，(2020)，p.8 の図 1.4 を加筆・修正

4.2　各技法の共通性

WG2 の研究活動は大きく，技法融合の前提となる各技法の共通性や関連性を研究する前半の活動と，各技法を統合した技術開発の仕組みを構築する後半の活動の２つのステップに分けることができます．ここでは，品質工学，品質管理，DFSS で活用される各技法の共通性や関連性についての前半の活動の成果を紹介します．

4.2.1　機能が共通のキーワード

WG2 の前半の研究活動において，品質工学と DFSS で活用される技法，さらには技術開発で有効な品質管理の技法に共通なキーワードは機能であることが共有化されました．図 4.4 にそのイメージを示します．ここで例として自動車のエンジンを取り上げると，お客様の関心が高いトップ機能として燃費があります．少ない燃料で加速できるというトップ機能を実現するための下位機能を展開するのが R-FTA です．燃料消費効率を改善するための２次機能にはエンジン内部の摺動部の摩擦や回転エネルギーの伝達効率など様々な機能の向上が要求されます．これらの２次機能はトップ機能との関連性が直接的であり，顧客がほしい VOC を代用する機能と言えます．R-FTA では機能を“～を～する”のような定性的な言葉で表現しますが，これを計測可能な特性 y に置き換えて，さらに計測特性 y の値を変える信号因子 M を導入し，入出力関係 $y = \beta M$ を定義すると品質工学の目的機能になります．

さらに目的機能を実現するメカニズムを物理現象や化学現象で記述すると源機能となります．例えば，エンジンの燃焼室内部での理想の燃焼化学反応が源機能です．理想の燃焼化学反応を定義し，理想からの距離やノイズ因子による燃焼化学反応のばらつきを計測することが可能な特性を定義できれば，それが品質工学の基本機能となります．

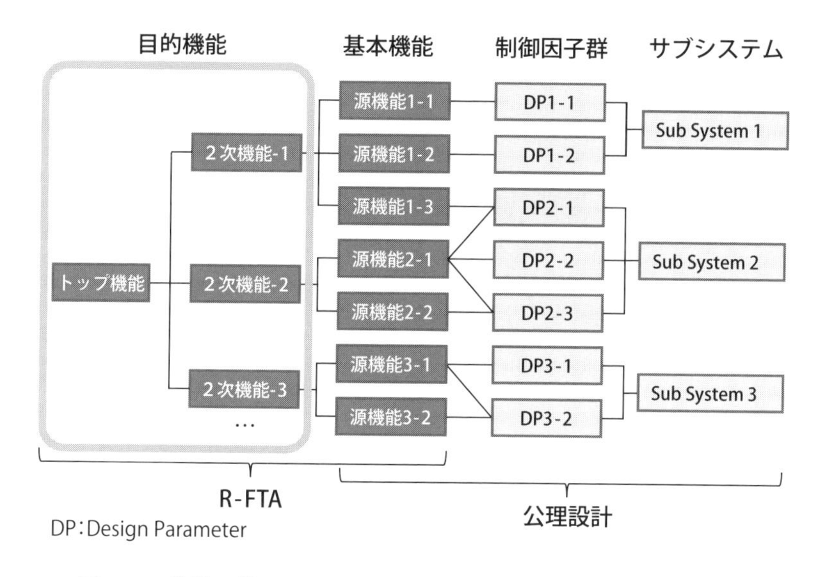

図 4.4　品質工学，DFSS，品質管理で活用される技法の共通性

4.2.2　機能から形の考案へ

R-FTAによって下位機能や源機能を発想し，各機能を実現するサブシステムや制御因子を考案するアプローチが公理設計です．公理設計では図4.4の源機能と制御因子群あるいはサブシステムを2元表で表現することを第3章で説明しました．R-FTAと公理設計は発想をベースとするアプローチですが，目的機能を改善するメカニズムを定量的なデータ（図2.7の現象説明因子X_{ij}）によって実験的に抽出するアプローチがCS-T法です（付録4参照）．目的機能を改善する効果をもつ現象説明因子を抽出することで，改善効果のメカニズムを把握し，そのメカニズムを実現するサブシステムや制御因子を考案します．言語データによる発想アプローチのR-FTAや公理設計と，数値データによる発見アプローチのCS-T法の両方を組み合わせることによってより大きな効果を得ることが可能となります．ここで重要なことは，統計的な因果関係は図4.4の右から左へ（サブシステム，制御因子→基本機能→目的機能）ですが，サブシステムや制御因子などの技術手段を考案する向きは左から右（目的機能→基本機能→サブシステム，制御因子）ということです．

4.3　Technology 7

当初はDFSSのように固定化されたプロセスを構築する方向で研究活動を続けました．しかしながら，過去の複数の技術開発の成功事例を検証した結果，テーマの背景や技術分野の違いに応じて技術開発プロセスが異なっていることが明らかとなったのです．例えば材料・デバイス系の技術開発では，Pugh，R-FTA，公理設計などの発想技法を数値データなしに活用することは困難です．よって，一つの固定化した技術開発プロセスを構築するのは得策ではないと判断し，研究活動の方向を，“技術開発の活動に共通な本質的要素を定義し，そこに各技法を対応させた技術開発のプラットフォームを構築する”ことに変えました．定義した7つの要素と各要素を実現する技法を図4.5に示します．技術者が実施する技術開発活動の骨格は，大きく二つあります．一つが数値データを扱う帰納・演繹の活動です．一般的に実験や分析などの数値データを扱う活動が技術開発の主業務と考えられていますが，言語データを使った発想活動であるアブダクションなしに新たな技術手段を考案することは困難です．そのため，両者の活動をいかに有機的に融合させるかが技術開発プロセスを設計するポイントとなると筆者は考えています．以下に各要素について説明します．

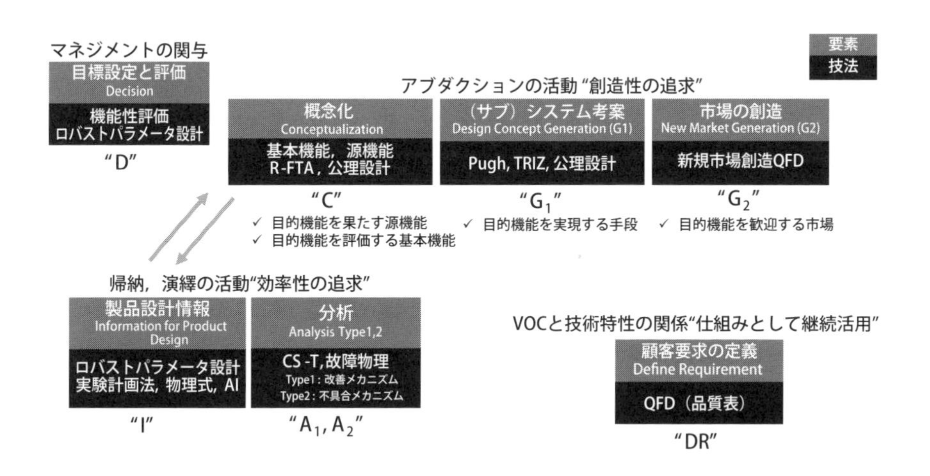

図 4.5　技術開発プロセスを設計するプラットフォーム T7

4.3.1　目標設定と評価

記号 D（Decision の D）で示した目標設定とその達成度評価は必ず実施される要素です．技術開発の目標を達成できた後に製品設計に入ります．性能を維持した上でのロバスト性の目標達成度の評価には機能性評価が有効ですが，単一製品ではなく，様々な製品設計に汎用的に適用するための性能とロバスト性の両立範囲を評価するためにはロバストパラメータ設計が有効です．技術開発のテーマやその目標は自社の技術戦略や他社動向，市場ニーズなど複数の視点から設定されるべきものであり，ものさしの定義と到達レベルの設定はマネジメントの関与が必須の要素です．

4.3.2　製品設計情報

性能とロバスト性の目標を達成するためには，システム（あるいはサブシステム）を考案あるいは選択し，システムを構成する制御因子の水準を変える活動が必須です（図2.7参照）．その手段の一つがロバストパラメータ設計ですが，その目的はロバスト性を維持しながら性能をチューニングする製品設計の方法（2段階設計）を製品設計情報として提供することです．よって，“D”において性能とロバスト性の両立性が十分確保されていると意思決定された場合のみ，ロバストパラメータ設計で得られた結果（要因効果図）が製品設計情報として活用可能となります（付録2参照）．ロバスト性や2段階設計が必要ないケースでは実験計画法やAIによる最適化も活用可能です．最近はAIの一種であるベイズ最適化が注目されていますが，最適条件を出力するための学習データ取得に直交表が有効です．また，AIで最適条件を得るだけではなく，制御因子や現象説明因子と目的特性の因果関係を把握するためにロバストパラメータ設計やCS-T法を併用することも技術の蓄積のために重要です（図2.7）．技術開発段階において制御因子の水準を変える活動の成果は製品設計で活かされます．よって，この要素をInformation for Product designから記号“I”と表記します．

4.3.3　分析

活動“I”のスタート段階は既存のシステムと制御因子を選択して実施されるケースがほとんどですが，既存のシステムや制御因子だけで目標達成できるケースはほとんどありません．新たなシステムや制御因子を発想することが必須となります．そのために分析活動が必要になります．一般的に故障物理の考え方に基づく不具合のメカニズム解明が実施されます．技術開発の初期段階で試作品を作れば，大抵は不具合が顕在化します．顕在化した不具合のメカニズムを把握したくなる気持ちはわかりますが，それだけでは不十分です．不具合のメカニズム把握から不具合を発生させない新たな技術手段を考案することが目的です．不具合メカニズムを解明した結果をシステムや制御因子の発想に活かすことができなければ，技術開発としては無駄な活動になってしまいます．

もう一つの分析活動が改善メカニズムの把握です．ロバストパラメータ設計を実施し，複数の制御因子の水準を変えることで，必ず性能とロバスト性の改善効果を得ることができます．その改善効果のメカニズムを把握する技法がCS-T法です（付録4参照）．不具合のメカニズムよりも改善効果のメカニズムを把握する方がアブダクション活動の成功率は高まると筆者は考えています．この要素を英語のAnalysisから“A”と表記します．さらに改善メカニズムの把握を“A1”，不具合メカニズムの把握を“A2”として区別します．

4.3.4　概念化

IとAの活動は帰納と演繹をベースとする活動であり，これだけではシステムや制御因子の考案や市場創造などのブレークスルーは実現しません．これらに加えてアブダクション活動を融合することが技術開発を成功に導くポイントとなります．英語のConceptualizationから“C”と表記した概念化を実現する手段が，前節で説明した基本機能，源機能，R-FTA，公理設計です．

4.3.5　システム考案

寸法や重量をもつ形を考案する活動です．ここでPugh，TRIZ，公理設計などの技法が有効となります．システム考案は他の要素との融合連携で実現すると筆者は考えています．例えばCS-T法を実施し，目的特性と現象説明因子の因果関係を把握した後に概念化を実施し，新たなシステムや制御因子を発想します（図2.7）．実験から得た数値データの情報から概念化とシステム考案を実施するのとは逆に，トップ機能からR-FTAで源機能を発想展開し，システムを考案する場合もあります．システム考案の要素を英語のDesign Concept Generationから記号“G1”と表記します．

4.3.6　市場の創造

世界一の性能とロバスト性を実現することは素晴らしいことですが，それだけで事業を成功に導くことはできないケースがほとんどです．お客様は製品の価値を利用シーンとともにイメージできたときにその製品の購入を考えます．それがニーズなのですが，“お客様は自分がほしいものを知らない，あるいは声に出さない”のです．ここで重要なことはお客様に聞いても真のニーズはわからないということです．よって，自分たちの技術を歓迎してくれる市場を想像し，その市場の VOC を創造することが事業成功のカギであり，その手段が新規市場創造 QFD です．英語の New Market Generation からこの活動の要素を“G2”と表記します．なお，新規市場創造 QFD は実践事例が少なく，現段階で公開された事例はごく一部にとどまります（5.1.3 項参照）．

【コラム】

既存市場が縮小する中で，自分たちの技術を歓迎してくれる市場を想像することが事業継続のために極めて重要になってきました．例えばペーパーレス化でコピーマシンの需要が減少していますが，コピーマシンに使われている技術を他の市場で活用するケースです．コピーマシンの画像形成エンジンには定着モジュールと呼ばれるサブシステムがあります．定着モジュールはトナーを溶かして紙に定着させる機能を実現する手段ですが，その目的機能を言葉で表現すると“対象物の温度を自在にコントロールする”です．この目的機能を歓迎しくれる市場を想像し，その市場の VOC を発想することが新規市場 QFD の狙いです．市場の例としては調理器具などたくさんの候補を挙げることができます．

4.3.7　顧客要求の定義

技術開発活動の結果として得られた性能やロバスト性などの特性と VOC の関係を 2 元表に整理し，今後の技術開発や製品設計の重点対象を可視化する仕組みとして継続活用します．部門間コミュニケーションツールとしても有効活用します．この従来から一般的に活用されている QFD の品質表が技術開発の最終的な成果となります．英語の Define Requirement から“DR”と表記します（3.2.2 項参照）.

以上が商品開発プロセス研究会 WG2 の活動成果である T7 の全体像です. 以下では筆者が考える T7 の活用方法について事例を用いて紹介します.

4.4　LIMDOW-MO の技術開発

現在ではリムーバブル記録媒体の主役は USB メモリですが，ウインドウズ 95 が発売された 1995 年当時は MO（Magneto Optical）がリムーバブル記録媒体の主力でした. 当時の MO の記録容量は当時主流であったフロッピーディスクの数百倍もあり，画像の記録にも活用されていました. その MO の最大の弱点は記録する前に一旦消去動作が必要なため，磁気記録媒体に比べて記録時間が原理的に 2 倍になってしまうことだったのです. その弱点を克服して図 4.6 のように消去と記録を同時に一回転で実施する技術が LIMDOW-MO（Light Intensity Modulation Direct Over Write-MO）です. この技術によって原理的に記録時間を半減させることが可能になります.

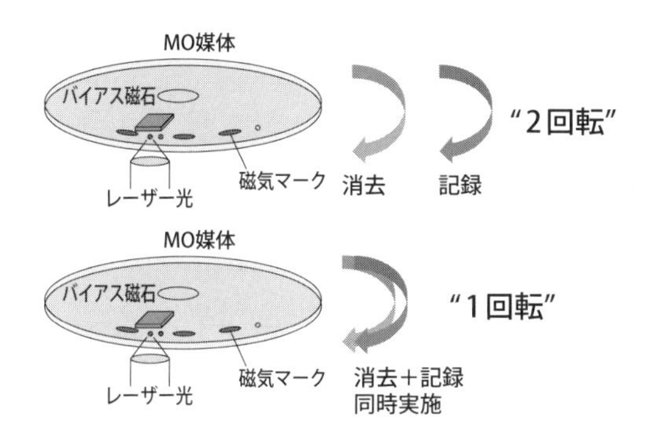

図 4.6　ダイレクトオーバーライト（DOW）機能の実現

4.4.1　磁性層の多層化

DOW 機能を実現する手段が図 4.7 に示した磁性層の多層化です. 当初は 2

層システムを技術開発の対象としていましたが，最終的に製品化に成功したシステムは7層方式です．7層方式によって様々な製品に適用可能な汎用技術を実現することが可能となったのです（図4.3）．また，トータルの膜厚を2層方式に比べて約1/3に低減することも可能となり，これによって生産性を確保することもできました．この2層方式から7層方式に至る過程で，3層方式，4層方式，様々な工法を考案あるいは選択し，各方式や工法に対してロバストパラメータ設計を実施し，ロバスト性と性能の両立性を評価したのです．

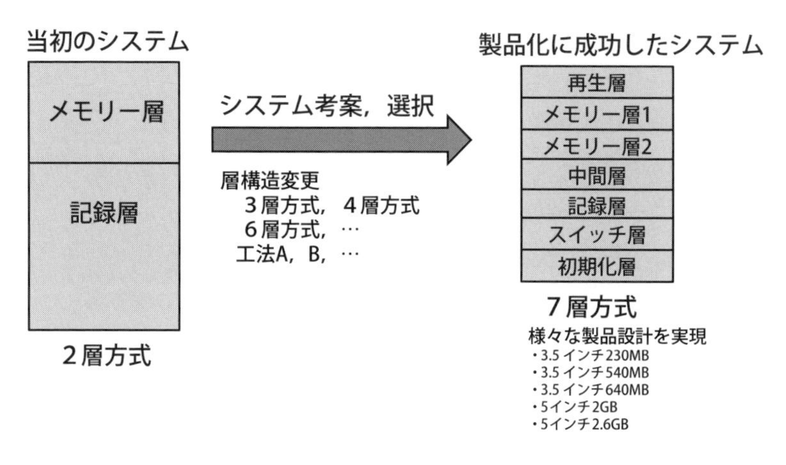

図4.7　LIMDOW-MOの技術開発の全体像

4.4.2　ロバストパラメータ設計による評価計画

2層方式から7層方式に至る約2年間の過程で実施したロバストパラメータ設計の計画概要とロバスト性を評価するために取り上げたノイズ因子を図4.8に示します．直交表L18（内側）に8個の制御因子を割り付け，直交表L9とL4（外側）にノイズ因子を割り付けて，両者を直積に配置した計画です（付録2,3参照）．ノイズ因子は環境・劣化関連を3つ，製造関連を3つ取り上げています．ここで，メモリ層組成と記録層組成は直接的には原材料ばらつきですが，最重要なノイズ因子である環境温度の代用という狙いもあります．技術開発段階では温度を変える評価が困難な場合が多いのですが，温度そのものが本質的ノイズ因子ではなく，温度が変わることによる磁気特性のばらつきが技術的な意味をもつ本質的なノイズ因子です．そうであれば，温度を変えるのではなく，組成の水準を変えることで温度のノイズ因子の代用とすることが可能です．これが品質工学のノイズ戦略です．

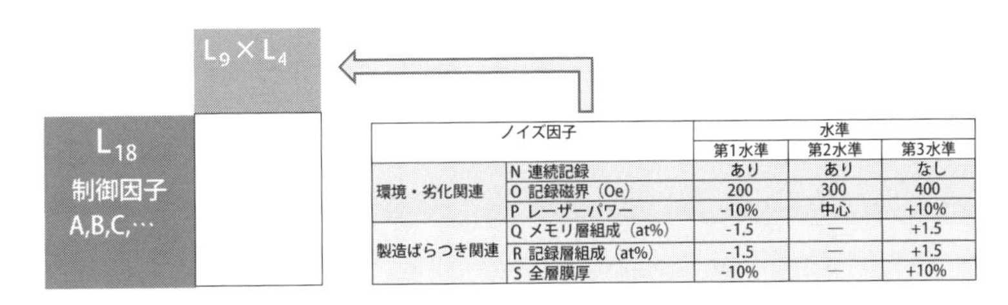

ノイズ因子		水準		
		第1水準	第2水準	第3水準
環境・劣化関連	N 連続記録	あり	あり	なし
	O 記録磁界（Oe）	200	300	400
	P レーザーパワー	-10%	中心	+10%
製造ばらつき関連	Q メモリ層組成（at%）	-1.5	—	+1.5
	R 記録層組成（at%）	-1.5	—	+1.5
	S 全層膜厚	-10%	—	+10%

図 4.8　ロバストパラメータ設計の計画の例

4.4.3　ロバストパラメータ設計からの意思決定

7 層方式に至る過程で実施した 4 層方式のロバストパラメータ設計の結果（要因効果図）を図 4.9 に示します．4 層方式は 7 層方式からメモリ層 2，スイッチ層，初期化層を除いた構造です．上の要因効果図がロバスト性の指標である SN 比，下の要因効果図が最も重要な性能指標である記録に必要なレーザーパワーです．製品設計段階ではレーザーパワーの仕様が決定しているので 2 段階設計によって最適条件を決定する意味があります．例えば，制御因子 A, C, D を使って SN 比の最適条件（A_2, C_3, D_3）に設定し，その次に制御因子 G, H によって記録レーザーパワーを目標値にチューニングするなどです．しかしながら，技術開発段階ではレーザーパワーの仕様は定まっていません．よって，広い範囲のレーザーパワーに調整できるチューニング因子を見出すことが重要となります．それがロバストパラメータ設計のアプローチです．

図 4.9 から制御因子 H がその候補となりますが，SN 比が山型傾向を示しています．記録に必要なレーザーパワーを低くできればエネルギー効率化が高ま

り好都合なのですが，制御因子Hを第3水準側に設定するとSN比が低下してしまいます．このトレードオフが4層方式というシステムの根本的な限界であり，4層方式では様々な製品設計への対応が困難と判断したのです．これ以上4層方式の制御因子の水準を変えても製品設計の汎用性は確保できないという判断です．また，合計膜厚を十分に薄くすることができないという壁も存在していました．ロバスト性と各種性能の両立マージンを十分確保し，生産性の目標も達成できたシステムが7層方式だったのです．このように技術開発段階ではシステムをトータルに評価することを目的としてロバストパラメータ設計を活用します．

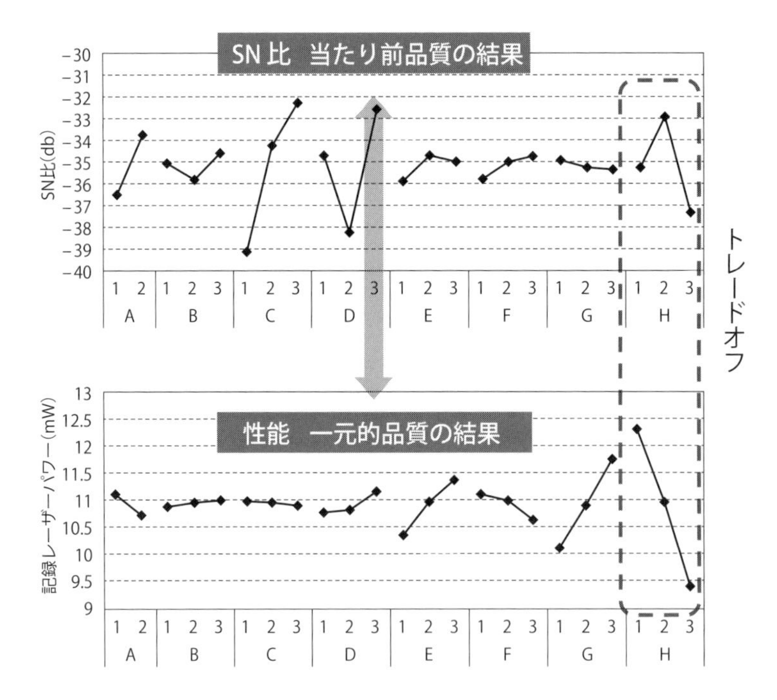

図 4.9　4層方式のロバストパラメータ設計の結果（要因効果図）

出典　細川哲夫（2020）：タグチメソッドによる技術開発～基本機能を探索できるCS-T法，日科技連出版社，p.70の図3.15に一部加筆

【コラム】

当時の光ディスク業界では 7 層方式で製品化できると考えていた技術者はほとんどいませんでした．7 層方式は構造が複雑であることに加えて DOW 機能を実現する記録メカニズムも複雑なのです．サーカスとまで言われていました．量産のための設備投資の提案に対して厳しいお叱りを受けたこともあります．少しでも MO 技術を知っている技術者から見ると筆者らの考え方は非常識に見えていたのです．実は筆者自身も不安がありましたが，技術的には筋が良いという感覚はありました．それとロバストパラメータ設計と機能性評価の結果から量産も製品設計も可能と判断できたことが大きな自信につながりました．そんな周囲の状況の中で，品質工学の結果を理解してくださり，即断即決で設備投資の意思決定をしてくださった当時の経営マネジメントの方々には今でも感謝しています．

4.4.4　LIMDOW-MO の技術開発プロセス

T7 の 7 要素を使って描いた LIMDOW-MO の技術開発プロセスを図 4.10 に示します．この技術開発のプロセスはロバストパラメータ設計による“目標設定と評価”及び“製品設計情報”が起点となっています．最終的には 7 層方式のロバストパラメータ設計の結果から製品化可能と判断し，その結果である要因効果図を製品設計情報として活用しました．7 層方式に至る過程において，図 4.10 のプロセスを回すことによってシステムの考案・選択を加速させることができたのです．ここで，“D，I”のロバストパラメータ設計の計画立案が PDSA の P に相当します．

次にロバストパラメータの実施から意思決定につながる技術情報を得ることが PDSA の“D”に相当します．ここまでが前節の内容ですが，さらに改善効果のメカニズムの把握を実施しました．それが，“A_1”の分析活動です．ロバストパラメータ設計を実施することで必ず SN 比と性能が改善します．そのメカニズムを磁気特性で記述する活動が“A_1”です．改善効果の物理的なメカニズムを把握することによって技術的な方向性を見出します．その活動が"C"の概念化です．"A_1"と"C"の活動がPDSAのSに相当します．技術的な方向性を定めた上で具体的な技術手段を考案します．それが"G_1"のシステム考案であり，PDSAのAに相当します．当時は図4.10の"A_1"と"C"を試行錯誤的に実施していましたが，現在はCS-T法，R-FTA，公理設計を活用することで，創造性と効率性を効率的に両立させることが可能です．次節からその適応結果を説明します．

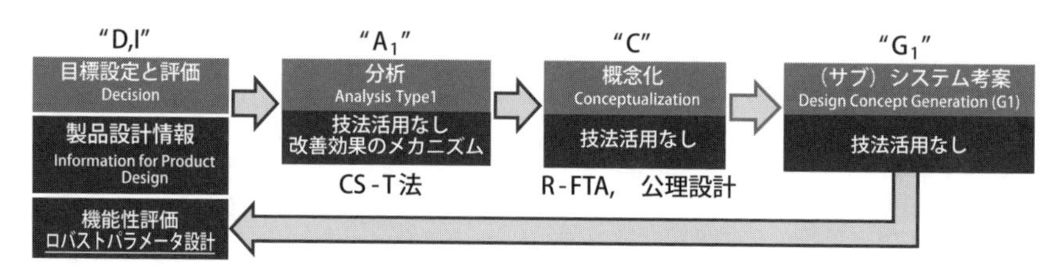

図4.10　T7で描いたLIMDOW-MOの技術開発プロセス

【コラム】

"そのシステムで市場に出せるのか？ 市場で問題が起きたら細川さんが責任をとれるか？"

LIMDOW-MOの技術開発の成功は約2年にわたる矢野宏先生のご指導なしにはあり得ませんでした．先生のご指導で筆者が最も大きな衝撃を受けたのがこの言葉です．先生のご指導で目的機能の定義やSN比の計算方法など技法活用のスキルが向上し，ロバストパラメータ設計の結果の再現性も良好となり，先生から褒められると期待して先生に報告した結果がこの質問だったのです．頭にガツンと一撃のショックでした．確かに市場に出せるレベルではなかったのです．この先生からの質問が実験の成功と技術開発の成功は次元が違うことを思い知るきっかけとなりました．そして品質工学は技法ではなく技術者の創造性を加速し，自律的に意思決定をする仕組みであると認識するに至りました．

4.4.5 7層方式のR-FTAと公理設計の結果

図4.11に7層方式に対して実施したR-FTAと公理設計の結果を示します．光ディスクの目的機能は図4.6に示したように媒体上に磁気マークを形成することです．この際に入力であるレーザー光の照射時間を変えることで磁気マークの長さを変えて，情報を記録します．この目的機能がR-FTAのトップ機能です．このトップ機能を実現する2次の要求機能（Function Requirement）は8個あります．これら8個の要求機能を実現する手段である7つの各層を横軸に記述し公理設計を実施したところ，中間層（Int）とメモリ層1（M1）が二つの機能に関与していますが，その他の各層は一つの要求機能だけを実現していることがわかります．この独立性の高さが7層方式のロバスト性と性能の両立性を高めていたのです．例えば4層方式では記録層（Writing）だけでFR1,2,3を実現する必要がありますが，その実現可能範囲（記録層の組成や膜厚）が狭いことが製品設計可能範囲を狭めていたのです．当時は7層方式の複雑さだけに注目が集まり，否定的な意見がほとんどでしたが，公理設計を実施することで合理的なシステムであることが可視化されました．

要求機能（Function Requirement）	Ini	S	W	Int	M2	M1	R
FR-1 DOWを機能させるエネルギーを蓄える	●						
FR-2 記録層を初期化する温度をコントロールする		●					
FR-3 記録層に磁気マークを記録する			●				
FR-4 記録層への磁気マーク転写性をコントロールする				●			
FR-5 記録層のマークをメモリー層に転写する				●			
FR-6 メモリー層のマークを保持する					●	●	
FR-7 メモリー層から再生層への転写を安定化させる						●	
FR-8 磁気マークを再生する							●

7層方式
R：再生層
M1：メモリ層1
M2：メモリ層2
Int：中間層
W：記録層
S：スイッチ層
Ini：初期化層

図4.11 7層方式のR-FTAと公理設計の結果

4.4.6　技法融合によるシステム考案 “因果構造の把握”

R-FTA と公理設計を活用して 2 層方式から一気に 7 層方式を発想するという期待があるかもしれませんが，残念ながらそれは無理です．その理由は，複数の要求機能を一度に発想することが困難だからです．2 層方式は図 4.11 の FR-3,5,6 の発想から考案された技術であり，その当時はそれ以外の FR-1,2,4,7,8 の発想はなかったのです．これら 5 つの要求機能を一度に発想することは不可能に近いでしょう．よって，2 層から 3 層，3 層から 4 層のように順番にシステムを考案するアプローチが現実的です．そのプロセスが図 4.10 なのです．ここでは CS-T 法，R-FTA，公理設計を融合して 2 層方式から 3 層方式を考案するプロセスを紹介します．

図 4.12 に 2 層方式に対して R-FTA と公理設計を実施した結果を示します．2 層方式は FR-3,5,6 の発想から考案されたシステムです．このシステムに対してロバストパラメータ設計を実施することで SN 比に効果がある制御因子は記録層の組成であることがわかります．しかしながら，改善効果のある制御因子を最適化しても性能とロバスト性を両立確保することはできません．そこで，新たなシステムが必要になりますが，記録層の組成が寄与しているという技術情報だけから 3 層方式を発想することはできません．

記録層の組成を変えることによって SN 比が改善したメカニズムの情報が新たなシステム発想の原動力になります．図 2.7 のアナリシスパートの情報は CS-T 法によって効率的に検出できます（付録 4 参照）．CS-T 法によって，交換結合力という現象説明因子が検出され，以下の因果構造が明らかになります．

制御因子 A：記録層の組成を変更する

→　現象説明因子 X：交換結合力が下がる

→　SN 比：ロバスト性が向上する

R-FTA で展開された機能	W	M
FR-3 記録層にマークを記録する	●	
FR-5 記録層のマークをメモリー層に転写する	●	●
FR-6 メモリー層のマークを保持する		●

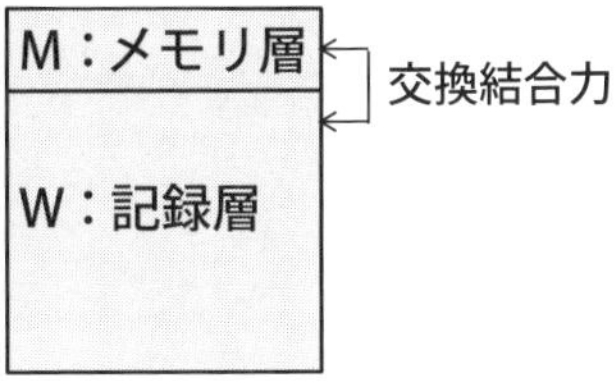

M：メモリ層
W：記録層
交換結合力

図 4.12　２層方式の R-FTA と公理設計の結果

4.4.7　技法融合によるシステム考案 “技術手段の考案”

次に数値データの世界から言語データの世界に思考を変えます．“交換結合力が下がる”は結果的に起きた物理特性の変化ですが，この物理現象に技術的な意味をもたせるために，“交換結合力を下げる”という積極的な表現に変えます．さらに，技術的な言葉を使って“～を～する”という表現に変えて R-FTA の要求機能とします．ここで新たな要求機能として“メモリ層へのマーク転写性をコントロールする”が発想されます．この新しい要求機能を図 4.12 の２層の公理設計の縦軸に追加します．この新たな要求機能を実現する手段を数名の技術者が集まってワイガヤすることで図 4.13 のように中間層を入れるというアイデアの発想を比較的容易に実現することができます．以下のような発想のステップです．

X：交換結合力を下げる = FR：メモリ層へのマーク転写性をコントロールする

→　技術手段：中間層

R-FTA で展開された機能	W	I	M
FR-3 記録層にマークを記録する	●		
FR-4 メモリー層へのマーク転写性をコントロールする		●	
FR-5 記録層のマークをメモリー層に転写する		●	
FR-6 メモリー層のマークを保持する			●

M：メモリ層
I：中間層
W：記録層

図 4.13　R-FTA から 3 層方式を発想した結果

結語

技術開発を成功させるポイントは，数値データを扱う帰納演繹活動と言語データを扱うアブダクションの活動を融合することにあります．T7 で技術開発のプロセスを設計する際の方向性ですが，LIMDOW-MO の事例のように技術蓄積が不十分な場合は，CS-T 法やロバストパラメータ設計など実験ベースの機能演繹活動を起点にすると，有効なケースが多くなります．一方，十分な技術蓄積があれば，アブダクションの発想を起点にして，検証のためにロバストパラメータ設計や機能性評価を活用する方法も考えられます．DFSS はアブダクションを起点としていますが，T7 では 7 つの要素の実施順番を与えないことによって，汎用性をもたせています．アブダクション起点のサイクルは PDSA の A を起点としたサイクルとも言えます．

アブダクションの活動では TRIZ の活用も有効です．例えば LIMDOW-MO の 3 層の発想は，改善するパラメータを交換結合力として，そこから“応力または圧力”が抽出されます．悪化するパラメータは 2 層合計の膜厚として，“静止物体の体積”が抽出されます．両者の矛盾を解決する発明原理として“仲介原理”にたどり着くことができれば中間層の発想が容易になります．

“技術者は創造能力がないわけではない．自分の現在のアイデアが駄目だと明白にならない限り次のアイデアを考えようとしないのである．”

これは数ある田口語録の中で筆者が最も感銘を受けたフレーズです．現行システムの限界を早期に把握することは，技術開発のマネジメントの視点からも重要ですが，それを技術者がポジティブに受けとめる方向にもっていくことが大切です．そのためには限界を認識するだけではなく，新たな技術手段を発想するための技術情報を獲得する方法や発想の場を同時に提供することが有効です．マネジメントの立場からもT7の活用を進めていただければと思います．また，T7を実施することを目的化するのではなく，新規事業の成功やフロントローディングなどの上位の経営課題を達成する手段にT7を位置付けることも大切です．それについては第5章で説明します．

参考文献

1)細川哲夫，田口伸，沢田龍作，武重伸秀（2020）：商品開発プロセス研究会WG2の活動報告，品質工学，Vol.28，No.6，pp.23-30
2)細川哲夫（2022）：技術開発プロセスを設計するプラットフォームT7の提案と検証，品質工学，Vol.30, No.2，pp.31-38
3)細川哲夫，岡室昭男，宮田一智，松本広行（1994）：交換結合オーバーライト光磁気ディスクへの品質工学の適用，品質工学，Vol.2，No.2，pp.26-31
4)細川哲夫，岡室昭男，佐々木康夫，多田幸司（2015）：パラメータ設計とT法を融合した開発手法の提案，品質，Vol.45，No.2，pp.194-202
5)細川哲夫（2020）：タグチメソッドによる技術開発～基本機能を探索できるCS-T法，日科技連出版社
6)田口玄一（1999）：マネジメントのための品質工学，品質工学，Vol,7，No.6，pp.5-10

第5章　仕組みを整理して体質の向上をはかる
～方針管理のすすめ～

本章の要旨

創造性と効率性を両立した技術開発プロセスを構築することが重要であることは第2章，第4章で説明してきました．つまり，技法を活用する目的を共有化して関係者の協力体制を構築していくことが求められています．このような狙いを実現させるマネジメントアプローチとして方針管理が有効です．

本章では，方針管理の考え方，なぜ技術開発に方針管理なのかを確認した上で，技術開発での方針管理展開の内容を例示しています．

5.1　なぜ方針管理なのか

5.1.1　効率的な新製品開発への対応経過

1970年後半に，某自動車メーカーで大ヒットしたモデルチェンジの活動を紹介します．このモデルは顧客の要求を反映させた企画のもとに開発が非常に順調に進みました．品質では開発段階のやり直しを防止するために，事前検討の徹底が図られました．従来の開発では評価（試作，生産試作など）で不具合を見つけてから対策する，つまり，やり直しを前提とした活動（CAPD）だったことを反省して改善された活動（PDCA）が展開されたのです．

① 企画目標が厳しくなっており，従来活動の延長では目標達成が困難と思われる項目の先行検討（企画段階からR-FTAの活用などによる実現手段の検討）

② 顧客の感動確保やダントツのコストダウンのために採用を予定した新技術の予想外不具合の発生予防（DRBFMの採用など）

③ 前モデルまでに体験した重大不具合の個別再発防止（FTAの整備など）

を重点として，これらの対象となる項目は試作段階までに解決することを目指しました．その結果，試作完了時の企画目標達成率は95%（前モデルの実績は65%）に向上しました．同社はこの成果を生んだ行動を新製品開発の仕組みとして標準化しました．

しかし，①の活動に課題を残しました．個別製品企画がスタートしてからの解決策検討には制約条件が多く（背反条件，コスト，時間的制約など），実現困難な場合は目標を下げる（妥協する）しかありません．“もしも，個別企画をスタートする時点で技術開発が終わっていたら”の思いが強く残りました．

5.1.2　コスト低減の実情

ダントツのコストダウンを図るためには，旧モデルの原価を低減する着眼だけでは無理が生じます．顧客の期待を超える製品を企画するのですから，機能を追加するなど従来と同じやり方でも製品原価は上がってしまいます．これらの上昇分も含めた原価の低減を図らねばなりません．某社ではこれを顧客への還元と考えて，企画・構想段階では品質と並行して“原価を創る”（原価企画），詳細設計段階からは“原価を下げる”（原価低減）と活動の狙いを分けて進めることにしました．原価企画の段階では制約条件が少ないためにダントツのコストを作り込むことへの活動がやりやすくなります．“原価を創って，下げる”の考え方が標準化されました．原価企画の成果では技術開発の寄与が非常に大きいことが確認されました（図5.1）．

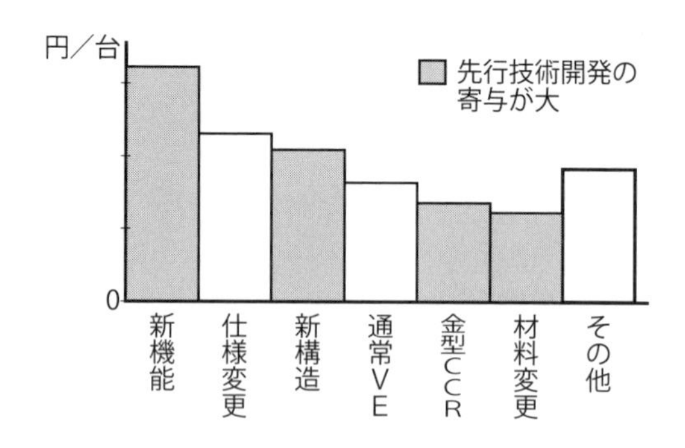

図5.1　CCRの成果（某社新型モデル）

（CCR：Creative Cost Reduction）

5.1.3 新規市場開拓

昨今，従来製品の延長にある製品の開発にとどまらず，新規市場への進出を目指した製品開発が多くなってきています．新規市場を検討する場合，どんな市場を目指すことが有効かを判断することから企画が始まります．一発勝負のギャンブル性が高い企画をする場合ならばともかく，成功率の高い製品企画をする場合は自社の得意とする技術を歓迎してくれる市場を選択したほうが競争力があるので成功確率は高いはずです．

市場が決まっていないので，QFD で紹介されてきた“要求品質の把握”，つまり“要求に適合する製品企画”の手順はできないことになります．新規市場への進出を図る製品企画では自社の得意技術から VOC を創作し“新たな感動の提供”による“需要を創造”する戦略が有効なのです．

筆者らは，新規市場を開拓するための仕組みを検討し，幾つかの企業でシミュレーションした結果から有効と判断した図 5.2 に示す 3 通りを提案（クオリティフォーラム 2022 など）しました．自社の得意技術が市場に貢献している姿をイメージして，これを VOC に置き換えた上で歓迎される市場を選択し，製品企画に結び付けています．

【コラム】

（有）アイテムツーワンでは 15 年前から，企業の実務経験者 10 名に参加をお願いして定期的に自主勉強会（どうする会）を行っています．自動車，電機，事務機，半導体など多企業のメンバーで構成しています．新規市場開拓のアプローチはこの会で検討し，シミュレーションした結果を提案したものです．

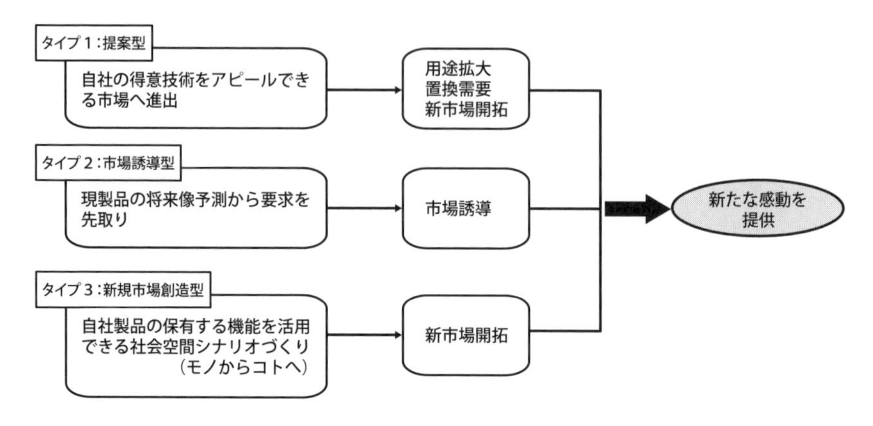

図 5.2　新規市場を開拓するアプローチ

5.1.4　技術開発（活動）の課題

かつては，ともすれば，技術者個人の判断でテーマが選択され，技術開発そのものが目的になるケースが散見されたこともありました．この時期の技術開発ステップは図 5.3 に示すように新製品開発とは別の機能として位置付けられています．完了した技術開発の内容をタイミングが合致する新製品開発プロジェクトに採用するという考え方です．

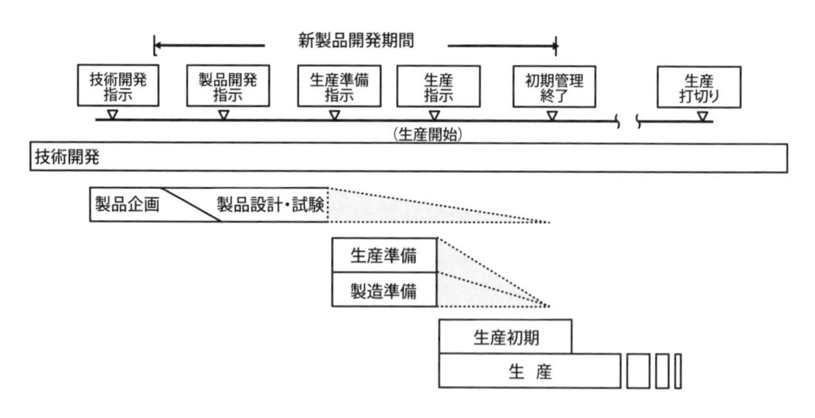

図 5.3　従来の新製品開発ステップ

しかし，これまでに新製品開発における活動の課題を検討してきたとおり，共通していることは，技術開発の活動が多くの面で新製品開発に直接的に大きく寄与していることです．図 5.4 に示すとおり，技術開発のステップを新製品開発システムのスタートポイントとして位置付けることが必須になってきているのです．つまり，“研究のための研究”から“事業化のための技術開発”に転換することが重要であることを示しています．

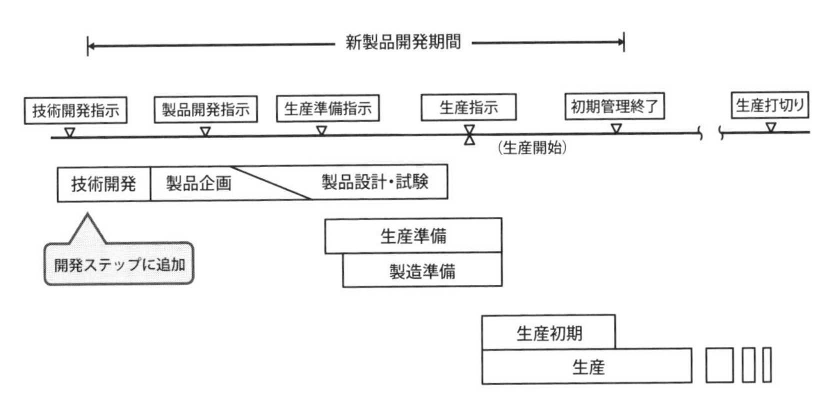

図 5.4　新製品開発システムの変更イメージ

【コラム】

西堀栄三郎氏は，研究開発と技術開発は異質であると説明されています．技術開発は再現生のある結果（アウトプット）を求めています．図 5.4 から技術開発の成果が新製品開発に直結する形をイメージしてください．

ところが最近，技術開発の活動面では，誤った目標管理制度を導入した結果，失敗しないテーマを選択する傾向や，チームとしての成果よりも属人化した活動が中心となって組織としての教訓やノウハウになりにくいといった傾向が目につくようになっています．

本書では，第 4 章で，T7 を経営課題の解決手段と位置付けて技術開発プロセスを仕組みとして成長させることの必要性を提起し，“創造性の追求”，“効率性の追求”などに加えて“マネジメントの関与”の重要性を説いてきました．土屋元彦氏（元 富士ゼロックス）は，経営とは組織の目標を達成するために事業の計画を立てて継続的に意思決定していくことであり，そのために，

① 組織の方向性（方針）と目標の決定

② 資源配分の調整

③ 適切な人財配置

をすることであり，マネジメントは組織の目標達成のために，業務プロセス，人財及び目標を管理することであると述べています．技術開発ステップも同様にとらえることが必要です．

5.2　方針管理とは

企業は絶えず成長し続けなければなりません．現状維持は相対的には退歩を意味することからも明白です．日常の維持・改善行動は当然ですが，中長期に向かっての現状打破を目指していかねばなりません（図5.5）．

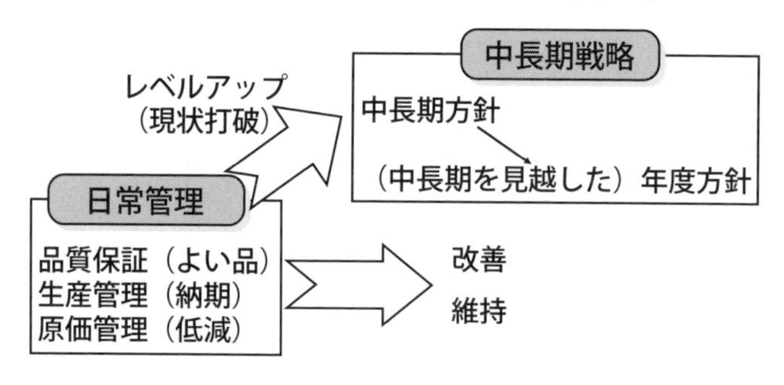

図5.5　方針の位置付け

企業，組織にとって重要な事柄であったとしても，先人の活動の蓄積から進むべき方向が決まっている（標準化）テーマであれば，担当者に“頑張れよ，期待しているからね”と任せることで目標達成の期待感は高まります．任せら

れた担当者は意気に感じて標準を基本として挑戦します．上司は苦戦していないかをチェックして適切なアドバイスを心掛けておけば良いのです（異常の処置）．“任せたよ”マネジメントが日常管理です．しかし，目標達成に困難が予測されるテーマでは，“任せたよ”では任された人が困惑してしまいます．

この場合は，関係者が協力し合い，“みんなの知恵を結集して乗り越える”活動が有効です．“全社の知恵を結集して乗り越える”，つまり，“任せない”マネジメントが方針管理です．方針の展開の仕方については多くの書物が発刊されていますので，そちらを確認してください．

5.3　方針とは

方針の設定を図 5.6 に，方針の設定と部門への展開イメージを図 5.7 に示します．品質，コスト，納期などの機能単位で中長期での“ありたい姿”と“現状の実体”のギャップから問題・課題を明確にして課題を達成する活動を展開します．ここでありたい姿とは，中長期視点で確保したいレベルのことで，言い換えると，トップが掲げる夢のことです．現状活動の延長で達成できるレベ

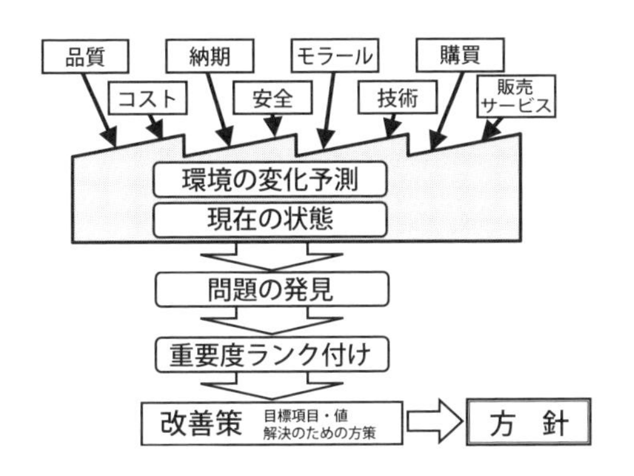

図 5.6　方針の設定

出典　福原證（2022）：事例に学ぶ方針管理の進め方～企業体質の強化に向けて，p.58，図 3.2，日科技連出版社

ルであれば日常管理で“頑張ろう！”と唱えたら良いのですが，難関が予想される問題の解決には全社・全部門が課題を共有して“知恵を絞る”ことが求められます．目標達成のためにどんな行動（重点実施事項）が必要かを明確にして全社へ展開する活動（目標項目・目標値＋達成のための方策）が方針です．

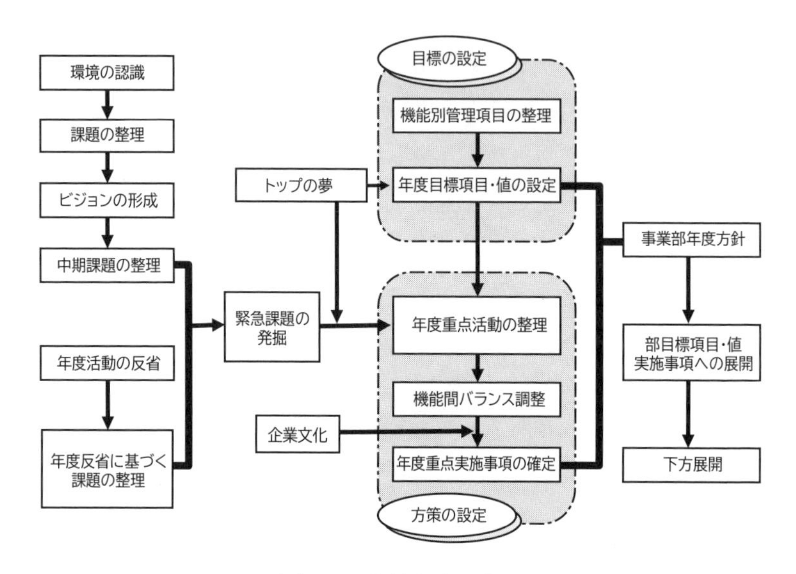

図 5.7　方針設定の流れ

出典　福原證（2022）：事例に学ぶ方針管理の進め方〜企業体質の強化に向けて，p.72，図 3.8，日科技連出版社

5.4　方針管理の重視点

良い結果を生むためには，良いプロセスを構築することが必要です．ラッキーでうまくいくこともありますが，それらは企業の財産にはなりません．良いプロセス（仕組み）ができてこそ，安定した良い結果が続けられます．つまり，標準化された良いプロセスがその企業の実力（体質）です．方針管理は，良い体質づくりに挑戦しています．

①　中長期方針を策定する

社会状況は常に変化しています．今が良いから将来も安定という保証はありません．

“その調子”のみで大きな進展は期待できません．社会動向，業界動向，過去の反省等から中長期的に課題を整理し，自社の文化に適合する戦略を策定します．

② マスタープランの設定

5年程度をひとくくりとして，到達のめやす，活動の流れを設定します．

③ 年度方針の設定

マスタープラン初年度の活動計画を具体化し（目標項目・目標値，重点実施事項），関連部門に割り付けます．このとき，目標項目・目標値は客観性のあるものさしで設定しなければなりません．良い結果を生む良い行動を測るものさしのことを管理項目といいます．全社の良い結果を生む良い行動を関係部門で共有し，展開すること（横連携）が必要です．管理項目については，5.5節で説明します．

④ 下方展開

各部門は活動内容を担当者にまで具体化します．上位との整合を確認することが大切です（縦の整合）．

【コラム】

企業で重点実施事項を議論する際に，筆者は，課長さん以下の実施事項に，“強化･充実･徹底…”などの言葉を使わないことをお願いしています．これらの言葉では真実が伝わりません．日常管理であればともかく，方針の実施事項ではあいまいさは禁物です．

⑤ 進捗の管理

各部門，担当者はいつのときでも全力で取り組んでいますが，何かの事情で苦戦することも考えられます．一刻も早く苦戦状況を認識して適切な軌道修正を図ることが必要です．グループ内のPDCA，部内の

PDCA, 部門のPDCA, 全社のPDCA（開発部門ではPDSAも含みます）をきめ細かく回すことが大切です．方針管理成功の秘訣は進捗の管理にあるといっても過言ではありません．5.7.2項で説明します．

⑥　年度の評価，反省

年度の実績確認と活動の反省をします．ここでは，中長期方針との方向のズレ有無も確認します．

⑦　中長期方針の見直し

社会動向等は常に変化しているので，毎年方針のズレが生じていないかをチェックします．大きくずれていたら，作戦を変更しなければなりません（ローリングで見直しを行います）．

5.5　管理項目

良い仕事とは，良い結果を生む良い行動です．良い結果の状態を関係者全員で共有するためには客観的で納得性のある表現が必要です．“成し遂げた仕事のできばえ”を見るものさしを，“管理項目”と言います．

最終結果のありたい姿（目標値）が明確になると，達成のために途中をどんなレベルで通過するべきかを検討することができます．節目の適正レベルを測るものさしをプロセス管理項目と言います（節目時点のありたい状態，日程遅れなど）．

つまり，“良い仕事”とは，“何をするか”ではなく，“何をしてどのような状態をアウトプットしたか（結果）”で決まります．管理項目とはプロセスが良い結果を生み（プロセス管理項目），トータルの良い結果につながっている姿を眺めているのです（管理項目の連鎖）．

図5.8に良い仕事の連鎖（系統図）の例を示します．本例は，技術開発が経営課題の達成に結びついている姿（アウトプット）を表現したものです．これらを測るものさし（管理項目）を設定することによって，良い仕事が順調に進行していることを関係者で共有することができるのです．

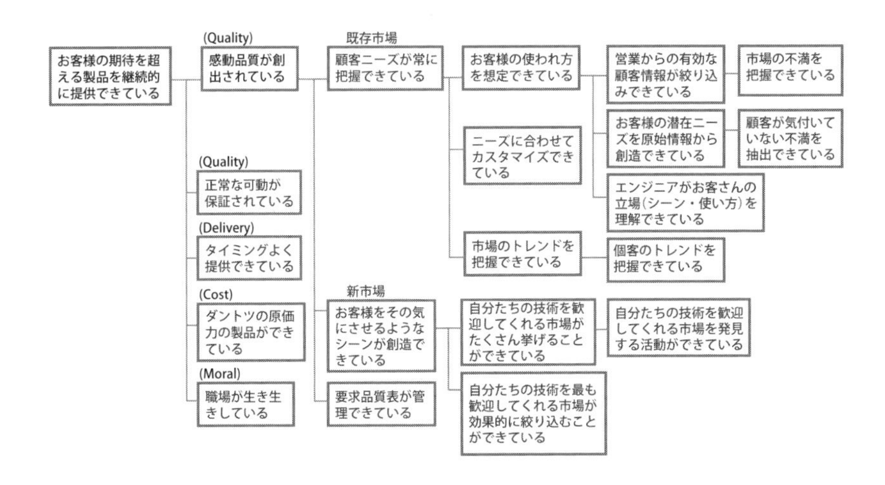

図 5.8 あるべき状態の系統図（一部を抜粋）

管理項目の例（読者の皆さんも考えてみてください）

- 感動品質が創出されている：新規製品ヒット率，新製品展示会好意的評価点
- 正常な可動が保証されている：市場クレーム件数，MTTR
  （正常な可動：顧客が使いたいと思ったときにいつでも使える状態）
- 原価力の高い製品ができている：企画目標原価達成率
- 職場がイキイキしている：モラールサーベィ評価点
- 市場の使われ方を創造できている：企画目標変更項目数

【コラム】

TQM のセミナー等で，“良いプロセスを作り上げたら，結果はついてくるから良いプロセスを作り上げることが必要だ”と教えられたために，プロセスと結果が別物のように誤解されることがあります．当然ながら，安定的に良い結果を生む仕事の進め方が良いプロセスであることは明白です．良い結果のレベル（目標値）によって重点とすべき行動は変化する（プロセスの重視点が変化する）ので管理項目の連鎖が重要なのです．

5.6　技術開発での仕組み強化ポイント

技術開発の仕組みを検討する際のポイントとして，以下の事項が挙げられます．

① 技術力の蓄積（技術開発テーマ設定の仕組み）

② 技術開発テーマと新規商品企画の連結

③ 開発を効率的に進めるためのインフラ整備（産学共同，異業種協業，設備など）

④ 進捗管理（実施事項，計画に対する内容，日程の満足度）

⑤ 人財の育成（技術の伝承，手法の教育）

5.7　技術開発ステップの仕組み例

いろいろな企業で検討された，技術開発ステップの仕組み例を紹介します．読者の皆さんは自社の事情，文化に合わせた仕組みを構築してください．

5.7.1　技術開発テーマの設定

（1） 技術マップの整備（某自動車メーカー）

［考え方］自動車に求められるすべての品質特性で，常に業界トップレベルの技術を保ち続けることによって，個別モデルの"顧客満足度の高い製品"，"効率的な技術開発"で優位性を保つ

［手順］
① 車両要求品質表を作成
② サブシステムに展開（エンジン，シャシー，ボディなど）
③ サブシステムごとに品質特性を整理
④ サブシステム品質特性のレベルを世界のトップメーカーと比較
⑤ 課題となる品質特性を技術開発テーマに登録
⑥ 個別モデル開発時には当該モデルの目標値に適合させるようにチューニングすることで事前検討の質が格段に向上

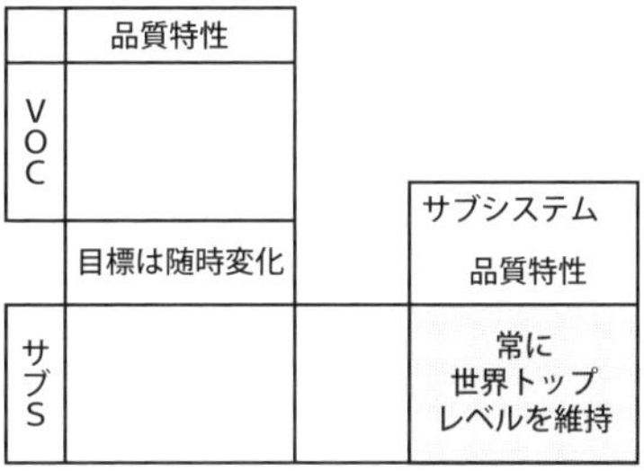

品質特性
VOC
目標は随時変化
サブシステム
品質特性
サブS
常に
世界トップ
レベルを維持

図 5.9　技術マップのイメージ

（2）　技術開発テーマ提案用紙の改訂（某ディスプレイメーカー）

［考え方］テーマ設定時から実製品に貢献するメリットを考慮することを啓蒙

技術開発テーマ登録の様式例（某社）

項　目	内　容	QFDの活用部分
プロジェクト名		
活動期間	開始：　　　　計画終了：	
所属	成果責任者，実践チームリーダー，メンバー	
テーマの背景		なぜこのテーマを選定したか
活動の種類	問題解決，課題達成、その他	
活動内容	目標項目・目標値	
予想効果	例：・魅力性付加，機能・性能向上，用途拡大 新規製品・市場へ進出など ・ダントツのコストダウン（金額）	根拠を「ミニ品質表」で表示
活動計画	中日程（PDPC）	

図 5.10　技術開発テーマ登録用紙（予想効果欄を新設）

5.7.2　進捗の管理

某自動車メーカーの例を紹介します．

［考え方］実務者はベストを尽くしてテーマに取り組んでいる．進捗が好ましくない場合は何らかの苦戦事項があるはずだから，これを取り除いて軌道修正しないといけない．ケースによっては作戦変更を

図ることも起こりうる．これらをタイミング良くアドバイス，決断するのはマネジャーの責務である．

（1）　担当者と上司の進捗確認

担当者はテーマごとに，当月に実施したことを整理し，内容・進度（計画時に作成したPDPCに基づいて）を自己評価します（付録5参照）．評価の結果△・×の項目は苦戦内容を明示し，挽回できるかを申告します．上司は報告の内容を確認して必要に応じてアドバイス・支援を伝えます．一年は短いので，毎月，チェック―アクションを繰り返すことが重要です．繰り返しますが，担当者はベストを尽くして行動しています．テーマを与えた後は“頑張れ・頑張れ！”で放任することは許されません．重点実施事項は関係者全員で取り組んでいることを忘れないでください．図5.11に月ごとの報告用紙の例を示します．

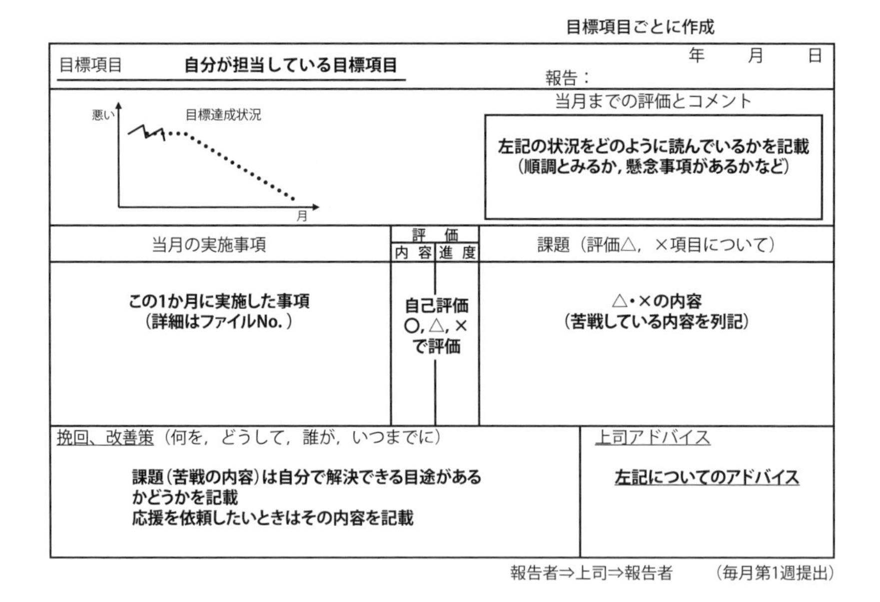

図5.11　活動状況の報告の例

出典　福原證（2022）：事例に学ぶ方針管理の進め方～企業体質の強化に向けて，日科技連出版社，p.76の図3.10に一部加筆

1年間でこの用紙は担当者ごとに12枚以上作成されることになります．上司アドバイス欄を集約すると担当者の仕事の進め方のクセが見えてきます．この記録を留意して部下の特徴に応じた適切な育成を図ることもできます．

（2）　全社レベルでの進捗確認（診断）

図5.12に全体の進捗確認の例を示します．苦戦事項について，［担当者―上司］，［自部門―関係部門］，［経営レベル（全社レベルでの作戦変更，資源投入の変更要否など）］の（チェック―アクション）のサイクルをきめ細かく回している姿が読み取れます．

本事例の企業ではトップの診察が通常で年に4回行われています

年度初期　：下方展開の適正

年央（2回）：苦戦内容の共有と作戦変更の要否

年度末　　：活動の成果と反省

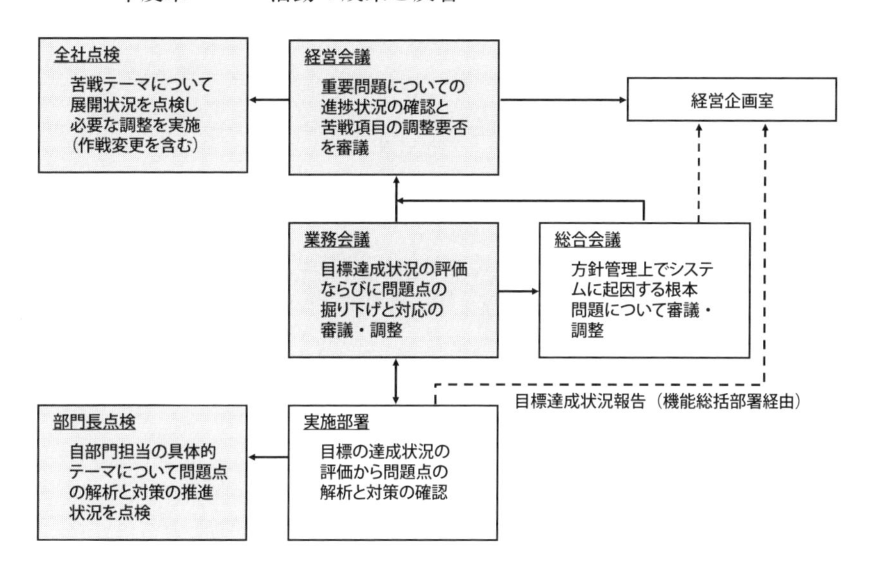

図5.12　全社進捗管理（診察）の体系例

出典　福原證（2022）：事例に学ぶ方針管理の進め方～企業体質の強化に向けて日科技連出版社，p.84の図3.13に一部加筆

【コラム】

同社では全社点検を診察と呼んでいます．監査（Audit）では悪さの指摘となりがちなので診察（Diagnosis），つまり，“医師が患者を診察して病状を判断し，適切な処方箋を提案する場”ととらえています．正しい処方箋に基づいて医・患が協力し合って病気回復を図ることを目指します．

5.7.3　人財の育成

企業が永続的に健全であるためには，仕組みのレベルを保ち，向上を図り続けなければなりません．仕組みを動かすのは“人”です．組織力を高め，組織間連携を円滑にするためには人財の育成を欠かすことはできません．ここでは，某自動車メーカーで展開された人財育成を手法・技法育成の例で紹介します．

職場内教育を考えるときに重要なことは，教育の目的が，

①　個人の知識・スキルが向上する

②　職場として必要な知識・スキルを蓄える

のどちらなのかを明確にすることです．前者の場合は，いろいろなコースを準備して自己啓発用に希望者を対象にすれば良いのです．知識を身につけた人がたくさんいれば仕事の質も高まるでしょうが，組織に必要な知識・スキルを整えるとの観点から考えると必ずしも万全というわけにはいきません．後者では，関心がある人に機会を提供するのではなく，職場力の向上視点で身につけてほしい人を鍛える考え方をしています．

同社では，個人ではなく，チームとして必要な知識･スキルを明確にしてチーム内に各分野（手法など）のエキスパートを存在させることを重視しています．エキスパートが近くにいてくれたらいつでも相談ができるので総合力が発揮できるのです．

すべての手法に長けた人財を確保することはかなり困難なことですので，”一芸に秀でた人財”をそろえることを重視しています．

（1）　基礎教育

同社で仕事をする場合に，標準語として扱うレベルの手法はベーシックとして全員対象で実施します．ベーシックコースは数日の講義と講義終了後3～6か月の実務演習で構成します．実務体験では職場の先輩，上司が積極的に支援することを義務付けています．図5.13に実務体験教育の流れを示します．

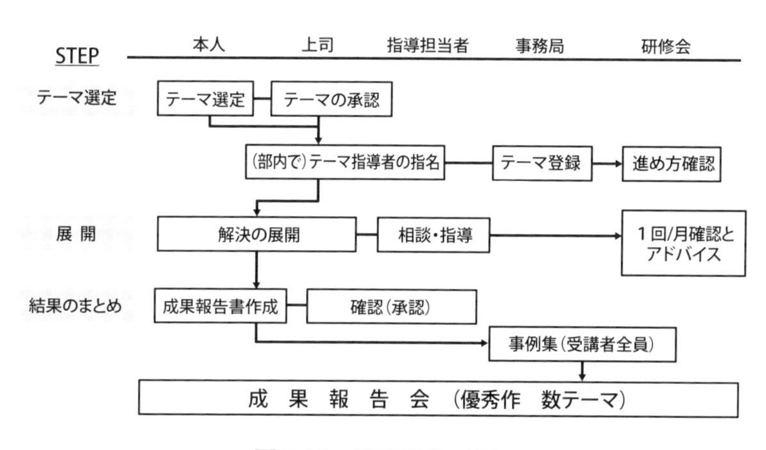

図 5.13　実務演習の流れ

成果報告会終了でセミナー受講済みとなります．教育終了3か月後に職場の上司に対して，“仕事のやり方に変化がみられるか”を聞き取ります．好意的な回答が教育成果の評価となります．好ましくない場合は，カリキュラムの見直し，職場支援体制の不適切などを反省して改善につなげます．

（2）専門教育

職場にとって必要な手法・技法（品質工学，多変量解析，信頼性技法，QFD，N7など）を整理し，各手法・技法に，［A：教えられるレベル，B：自分で何とか使いこなせるレベル，C：アドバイスが必要］のランク分けをしておきます．職場の規模（職種，人数など）に応じて，良い仕事ができるためのA/Bランクの必要人数を設定します．

いつのときでも構成バランスが保たれるように不足人数の教育を計画します．職場内に“一芸に秀でた人財”をそろえたら，OJTでアドバイスしてもらえるので組織力の維持・向上が期待できると考えています．

同一職場に数年在籍し仕事に慣れてくると個人の特性が見えてくるので，特性に合った手法を選択し，教育の機会を設定します．

職場異動（ローテーション）の場合でも保有する知識を生かすことができる職場への異動を考えることで組織力の低下を防ぐ配慮をしています（ローテーションルートの標準化）．

（3）　OJT

手法の教育は集合教育である程度の知識修得が期待できるかもしれませんが，技法は実務の中でしか鍛えることはできません．つまり，人財育成で最も重視したいのがOJTなのです．

最近では，目標管理制度の影響で，ひとり1テーマを進めるケースが多くみられますが，同社では，OJTの質向上を狙いとして，“ふたり2テーマ”体制をとりました．ベテランと新人のチーム編成で複数のテーマに挑戦（目標シートはチーム単位で作成）します．これでテーマ進行中にアドバイスができることになります．テーマに対する全体のPDPCと節目までのPDPCを作成し，チェックポイントごとに苦戦事項の確認と挽回・作戦変更の調整を行います．

密着OJTの実践で目標達成の期待感が高まり，達成感と今後の努力ポイントの発見に効果的な取組みとなっています．ひとり1テーマのときに比べ，目標達成に加えて部下の育成が格段に速くなったことが確認されています．

固有技術を効果的にサポートするための手法に長け，技法として実務に生かすことができる人財を確保する（鬼に金棒）ことが継続的に組織力を高めることにつながります．

5.8　自社に合った仕組みの整備

幾つかの事例を紹介しました．各企業には先人から受け継がれてきた企業文化があるので，多企業共通の良い仕組みを考えることは必ずしも得策とはいえません．“良い結果を安定して確保する良い行動”という哲学は共通するとしても，仕組み構築には企業特有の文化に適合するものでないと成果は期待できません．たとえば，トヨタ自動車では，“お客様重視”，“挑戦”，“改善”，“現地現物”，“尊重”，“チームワーク”がマネジメントの合言葉となって，問題・課題に対処する場合にこの考え方を共有して“らしさ”を発揮しています．企業が違えば同じ課題に挑戦するにも取組み方はいろいろと異なることもあります．

特に方針展開では，重要課題に全社で協力して立ち向かうので，進めるにあたっては理念に基づいた一致団結の取組みが必要です．

事業化に結びつく技術開発システムを自社に合った形で構築して，社会に歓迎される製品の提供を続けてください．

結語

全社一丸で技術開発力の強化を図るためには，

- 中長期視点の課題認識
- 年度ごとの着実な展開（横展開・下方展開）
- きめ細かい進捗のフォローによる苦戦事項の共有

などが欠かせません．これらを確実にマネジメントするには方針管理の進め方が有効です．技術開発活動の仕組みを整理して継続的に体質を向上させることが望まれます．

着目すべき仕組みとしては，以下の項目が挙げられます．

- 技術開発テーマ設定の仕組み
- 製品企画との連携の仕組み

- 進捗管理の仕組み
- 人財育成の仕組み

これらを全社共有の仕組みとして構築されることが重要です．
“良い結果を安定して実現できる行動”が良い仕組みですが，企業文化に配慮して全社が共感できる行動を整理することを忘れてはいけません．

図5.14に日常管理と方針管理と手法・技法・仕組みの関係を示します．日常業務の効率や質を改善する手段としてSQC，QC，パラメータ設計が位置付けられます．これらの手法はセミナーや教科書で学び，自律的に業務活用することで効果を得ることができます．

一方，新規事業の立ち上げやフロントローディングなど経営課題は個人の自律的な活動では達成は困難です．そこで方針管理のマネジメントが必須となり，その達成手段としてDFSSやT7などの仕組みが位置付けられます．さらに，DFSSやT7などの技術開発を進める仕組みの中に機能性評価，ロバストパラメータ設計，R-FTA，CS-T法，Pugh，公理設計，TRIZ，市場創造QFDなどの技法が位置付けられるのです．

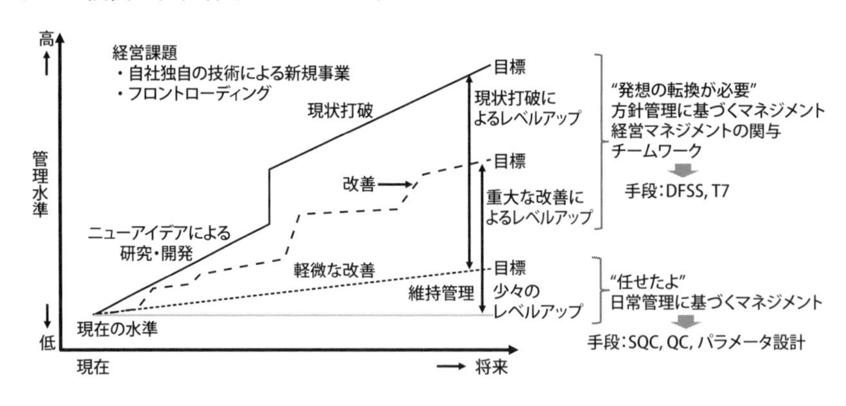

図5.14　日常管理と方針管理

出典　福原證（2022）：事例に学ぶ方針管理の進め方～企業体質の強化に向けて，日科技連出版社，p.45の図3.1に一部加筆

参考文献

1) 福原證（2022）：クオリティフォーラム 2022 報文，日科技連
2) 福原證（2022）：事例に学ぶ方針管理の進め方～企業体質の強化に向けて，日科技連出版社
3) 椿広計，細川哲夫，他（2023）：商品開発プロセス研究会の活動，品質，Vol.53，No.2，pp. 95-106
4) 土屋元彦（2018）：現場主義を貫いた富士ゼロックスの経営革新，日刊工業新聞社
5) 西堀栄三郎（1979），西堀流新製品開発―忍術でもええで，日本規格協会

付　録

付録1　デミングの品質経営の 14 の法則

80 年代までの欧米の企業は，以下のようなデミングの品質経営の考え方を諭される状態であったということです．

1．Create constancy of purpose toward improvement of product and service, with the aim to become competitive and to stay in business, and to provide jobs.

競争力を高め，事業を継続し，雇用を創出するために，製品・サービスの改善に向けた普遍性のある目的を創出する．

2．Adopt the new philosophy. We are in a new economic age. Western management must awaken to the challenge, must learn their responsibilities, and take on leadership for change.

新しい考え方を取り入れる．私たちは新しい経済時代を迎えている．経営者はこの課題に目覚め，自らの責任を学び，変革のためのリーダーシップを発揮しなければならない．

3．Cease dependence on inspection to achieve quality. Eliminate the need for inspection on a mass basis by building quality into the product in the first place.

品質保証を検査のみに依存することをやめる．そもそも製品に品質を作り込むことで，大量に検査をする必要性をなくす．

4．End the practice of awarding business on the basis of price tag. Instead, minimize total cost. Move toward a single supplier for any one item, on a long-term relationship of loyalty and trust.

価格のみでサプライヤーを選択する習慣を終わらせる．その代わりに，品質を含めた総コストを指標としてサプライヤーを選ぶ．長期的な信頼関係を築き，1つの品目に対して1社のサプライヤーを選択する．

5．Improve constantly and forever the system of production and service, to improve quality and productivity, and thus constantly decrease costs.

生産・サービスの仕組みを常に，そして永遠に改善し続ける．品質と生産性を向上させることでコストを低減させる．

6．Institute training on the job. People are part of the system; they need help… Many people think of machinery and data processing when I mention system. Few of them know that recruitment, training, supervision, and aid to production workers are part of the system.

職場教育（OJT）を導入する（人々はシステムの一部であり，助けが必要．システムというと，多くの人が機械やデータ処理を思い浮かべるが，生産労働者の採用，訓練，監督，補助がシステムの一部であることを知っている人はほとんどいない）．

7．Institute leadership. The aim of supervision should be to help people and machines and gadgets to do a better job. The supervision of management needs overhaul, as well as supervision of production workers.

リーダーシップ の監督の目的は，人や機械や仕掛けがより良い仕事をできるようにすることである．現場の労働者の監督だけでなく，経営者の監督も見直しが必要である．

8. Drive out fear, so that everyone may work effectively for the company.

恐怖で支配するマネジメントのスタイルを取り除き，誰もが会社のために効果的に働くことができるようにする．

9. Break down barriers between departments. People in research, design, sales, and production must work as a team, to foresee problems of production and in use that may be encountered with the product or service.

部門間の垣根を取り払う．R&D，設計，生産，販売の各担当者がチームとなって，製品やサービスで起こりうる生産上の問題や使用上の問題を予見する必要がある．

10. Eliminate slogans, exhortations, and targets for the work force asking for zero defects and new levels of productivity. Such exhortations only create adversarial relationships, as the bulk of the causes of low quality and low productivity belong to the system and thus lie beyond the power of the work force.

不良品ゼロや新しいレベルの生産性を求めるスローガン，激励，労働力に対する目標を排除する．なぜなら，低品質と低生産性の原因の大部分はシステムにあり，したがって労働力の及ばないところにあるからである．

職場のリーダーは単に数値ではなく品質で評価せよ．それによって自動的に生産性も向上する．マネジメントは，職場のリーダーから様々な障害（固有の欠陥，保守不足の機械，貧弱なツール，あいまいな作業定義など）について報告を受けたら，迅速に対応できるよう準備しておかなければならない．

11. A）Eliminate work standards（quotas）on the factory floor. Substitute leadership.

B）Eliminate management by objective. Eliminate management by numbers, numerical goals. Substitute leadership.

A）工場現場でのノルマをなくす．

B）目標管理（MBO）をなくす．数値目標によるマネジメントをなくす．

12. A）Remove barriers that rob the hourly worker of his right to pride of workmanship. The responsibility of supervisors must be changed from sheer numbers to quality.

B）Remove barriers that rob people in management and in engineering of their right to pride of workmanship. This means, inter alia, abolishment of the annual or merit rating and of management by objective.

A）時間給労働者から職人としての誇りを奪うような障壁を取り除く．監督者の責任は，数の多さから質の高さへと変えなければならない．

B）管理職や技術職の人々から，職人としての誇りを奪う障壁を取り除く．これは特に，年功序列や能力評価の廃止，目標による管理の廃止を意味する．

13. Institute a vigorous program of education and self-improvement.

教育や自己研鑽のプログラムを積極的に導入する．

14. Put everybody in the company to work to accomplish the transformation. The transformation is everybody's job.

変革を成し遂げるために，社内の全員を巻き込むこと．変革は全員の仕事である．

付録2　パラメータ設計のベースとなる直交表実験

図 A1 に直交表実験の手順を示します．直交表は様々なタイプのものが存在しており，目的に応じて選択します．ここでは最小の直交表である L_4 を取り上げています．直交表 L_4 は 3 つの列と 4 つの行からなります．この列に制御因子 A, B, C を割り付けると No.1 から No.4 までの 4 行の実験条件が自動的に決まります．ここで制御因子の添え字は水準を示します．例えば A_1 が膜厚 100nm，A_2 が膜厚 200nm などです．4 行の実験条件で 4 つの目的特性の値 $y_1,\cdots,y_4$ を得ます．ここまでが直交表の実験のやり方です．

次に解析方法について説明します．最初に全データの平均値と制御因子の水準ごとの平均値である水準平均値を算出します．例えば C_2 の水準平均値であれば対応する行の No.2 と No.3 から得られた y_2 と y_3 の平均値を算出します．

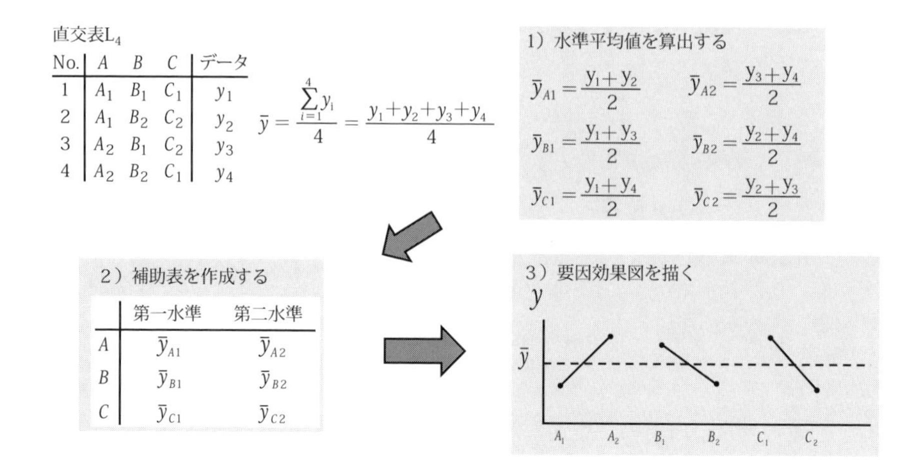

図 A1　直交表実験の手順

算出した6つの水準平均値をまとめた表を補助表と呼びます．さらに6つの値をプロットしたグラフを描きます．水準平均値をプロットしたグラフを要因効果図と呼びます．ここで目的特性の一つをロバスト性の指標であるSN比にした実験が，品質工学のパラメータ設計やロバストパラメータ設計です．パラメータ設計では要因効果図から制御因子A, B, Cの最適水準を決定する最適化を実施します．ロバストパラメータ設計ではロバスト性と性能の両立性を評価します．

1つの制御因子の水準だけを変える一般的な実験に対する直交表実験のメリットは水準組合せの効果の評価が可能であることです．品質工学では各制御因子の水準を変えたときの目的特性の変化の傾向が他の制御因子の水準値によらず一定であることを理想とします．この理想に近ければ近いほど最適化の成功率が高まります．品質工学では，その理想にどれだけ近いかを評価するために直交表を活用します．CS-T法では水準組合せによる改善効果を効率的に検出するための改善加速ツールとして直交表を活用します．直交表に複数のノイズ因子を割り付けることによって，市場での目的特性のばらつきを再現させることもできます．

付録3　機能性評価とSN比

製品やモジュールなどのシステムがもっている目的機能あるいは基本機能の安定性（ロバスト性）を評価することが機能性評価の目的です．ロバスト性を定量化するものさしがSN比です（基本機能については4.2参照）．機能性評価とSN比のイメージを図A2に示します．機能性評価では最初にほしい出力yを定義します．例えば自動車の目的機能の一つである“曲がる”を計測する回転半径などです．回転半径を変える入力Mがハンドルの回転角度です．評価対象のシステムに路面の状況や乗車人数のようなノイズ因子が加わると定義した入出力関係が乱れます．その乱れ具合を定量化するのがSN比です．

次に機械加工を例にSN比を説明します．機械加工におけるほしい出力yは寸法です．寸法を変える入力は直接的には加工の指示値ですが，そのもとの入力Mは図面寸法です．入力がゼロであれば出力もゼロなので入出力関係は原点を通る一次式$y = \beta M$となります．この入出力関係がいつも一定であることが理想ですが，機械加工においては刃の劣化などのノイズ因子が存在し，入出力関係が乱れます．例えば劣化なしをN_1，劣化後をN_2とすると比例係数βが変化してしまいます．このとき出力の平均値で囲む面積が有効成分，ノイズ

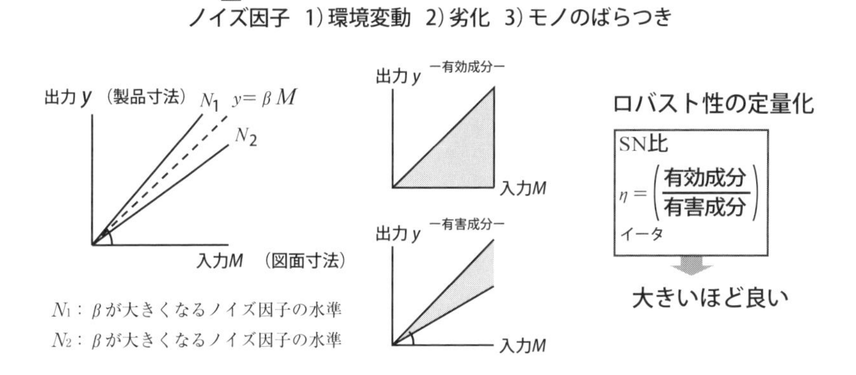

図A2　機能性評価とSN比のイメージ

因子で乱された面積が有害成分となります．この有効成分と有害成分の比をとったのがSN比です．付録2の直交表実験における計測特性yをSN比に置き換えたのがパラメータ設計です．

付録4　Causality Search（CS）-T法

図2.7を使ってCS-T法の概要を説明します．CS-T法の狙いは図2.7のマネジメントパートにある性能やロバスト性と因果関係をもつ現象説明因子を実験的に検出し，改善効果が得られたメカニズムを把握することです．改善効果のメカニズムを理解することによって，そのメカニズムを実現するサブシステムや制御因子を考案する方向性が明確になります．

図A3にCS-T法の実験計画のイメージを示します．CS-T法は図2.7の3つのパートすべてを取り上げます．直交表パートがシンセシスパート，T法パートがアナリシスパート，目的特性パートがマネジメントパートにそれぞれ対応します．この3つのパートは図4.4にも対応しています．図4.4のトップ機能が目的特性パート，源機能がT法パート，制御因子群が直交表パートにそれぞれ対応します．CS-T法では直交表パートの制御因子を解析対象にせず，T法パートの現象説明因子と目的特性を解析対象にします．例えば自動車のエンジンの場合であれば，直交表パートに燃焼室の形状などの制御因子を割り付けて，様々な燃焼室を作り，その結果として燃焼室内で変化する温度や混合ガスの流速ベクトルなどの現象説明因子を計測します．その結果をT法パートに挿入し，VOCである燃費の目的機能（加速度と燃料消費量の入出力関係など）の性能やSN比との因果関係を把握します．

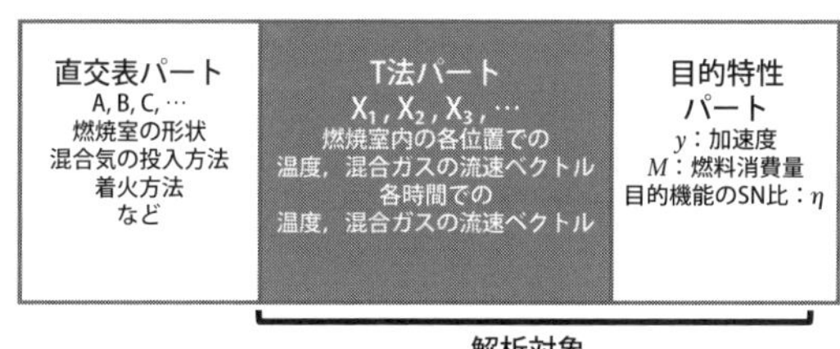

図 A3　CS-T 法の実験計画のイメージ

CS-T 法の特長は品質工学の多変量解析手法である T 法を活用することです．T 法解析のデータセットのイメージを図 A4 に示します．サンプル数 n は例えば直交表 L_{18} を全行実施した場合は n = 18 となります．直交表を活用する狙いは，現象説明因子の値と目的特性の値を大きく変化させることによって，少ない実験回数で精度の高い解析を実現することです．CS-T 法では直交表を解析対象としないので，直交表のすべての行を実施せずに十分な精度の解析結果を得ることも可能です．

サンプル	X_1	X_2	…	X_k	η
No.1	X_{11}	X_{21}	…	X_{k1}	η_1
No.2	X_{12}	X_{22}	…	X_{k2}	η_2
⋮	⋮	⋮	⋮	⋮	⋮
No.n	X_{1n}	X_{2n}	…	X_{kn}	η_n

図 A4　CS-T 法のデータセットのイメージ

T 法と同様な手法に重回帰分析がありますが，重回帰分析で十分な解析精度を得るには現象説明因子の数の 3 倍以上のサンプルが必要になります．T 法は少ないサンプル数で充分な精度の解析が可能です．40 個の現象説明因子の解析を 13 個のサンプルで精度良く実施した事例もあります．CS-T 法の解析結果のイメージを図 A5 に示します．

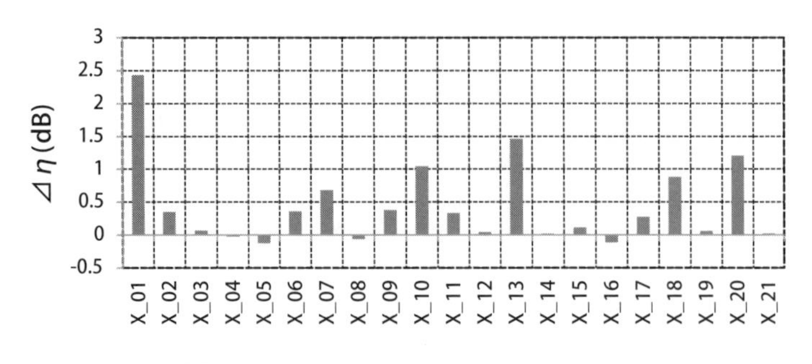

図 A5　CS-T 法の解析結果のイメージ

付録5　PDPC（Process Decision Program Chart）

OR（Operations Research）で用いられている過程決定計画図を品質管理に適用するために，新 QC 七つ道具の一つとして加えられました．

（1）　PDPC とは

様々な不測の事態が起こりそうなテーマに対して，方策を実行に移す段階で，その事象と対応する実施事項をチャートに表現し，望ましい結果に至るプロセスを計画する手法と定義されています．

（2）　主な用途

① 目標管理における実施計画の策定
② 技術開発テーマの実施計画の策定
③ システムにおける重大事故の予測とその対応策の策定
④ 製造工程における不良対策
⑤ 折衝の過程における対応策の立案と選択

（3）　PDPC の効用

① 堂々巡りしそうな問題でも，論理的に解決への道筋と重要なポイントが見えてくる
② 一部の専門家しか扱えないと思われた問題が，多くの関係者で有効な解決策を検討できる
③ 問題が起こっても，こうすれば何とかできる，ここまで検討すれば

問題は起こらないという安心感が生まれる

（4）PDPCの作成手順

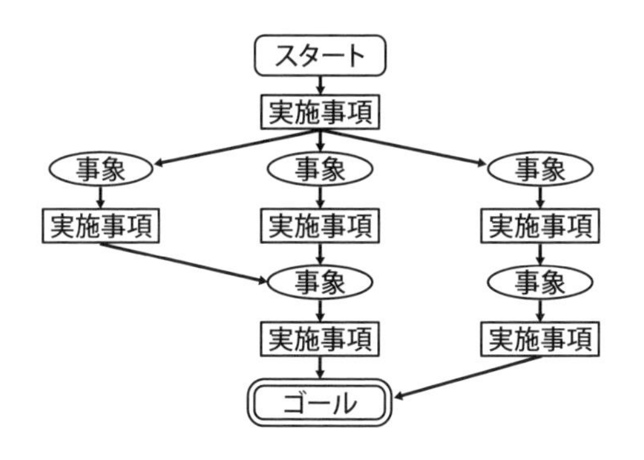

図 A6　PDPCの例

① 参加するメンバーを選定する
テーマの関係者を広範囲の分野から人選することが望ましい

② テーマ解決のスタートとゴールを確認する

③ 楽観ルートを作成する
順調に解決する実施事項を連結させる（サクセスストーリー：概念図の中心に示した実施事項の連結）

④ 各実施事項で予測される困難な事象を列挙する（概念図の左右に示した事象）

⑤ 予測した困難事象が起こった場合の対策案を検討する

参考文献

QC手法開発部会（1979）：管理者・スタッフの新QC七つ道具，日科技連出版社

付録６　あるべき状態の系統図

本付録は，下記より PDF ファイルをダウンロードしてご覧ください。

ダウンロードした PDF ファイルはパスワード「#Appendix6」で開いてください。

ダウンロード先：

https://webdesk.jsa.or.jp/books/W11M0100/index/?syohin_cd=350434

あ と が き

“日本製造業の復活を支援したい．そのためのガイドを提供することができないだろうか”というのが本書発刊の狙いです．

Japan as No.1 と注目されて多くの外国企業が日本企業の視察に来たのは 1980 年代後半までのことでした．それ以降，多くの日本製造業はグローバル競争力を低下させてしまっています．

どうして競争力が低下したのでしょうか．政治や学校教育などの外的な要因もあるのでしょうが，本書では，企業内での要因に絞って考察しています．一企業が外的な要因をコントロールすることはできませんが，企業内の要因は正面から向き合うことが可能です．

顧客の関心が，1965 年頃までは“できばえ品質”，1980 年頃までは“やつれ品質”，そして現在は“魅力品質”（新たな感動）へと拡大していることに鑑みると，競争力の源泉が企画・技術開発に移ってきた頃になにがしかの遅れを生じさせたのです．

顧客の関心が魅力品質にシフトするに従って，企業には顧客の期待を超える自社技術に基づく製品の実現が必要になります．しかし，この頃に，誤った理解のもとに目標管理を導入し，個人の責任重視の短期的な成果を追究する企業が目立ち始めました．失敗回避を優先するあまり予測可能な範囲の改善テーマを設定して技術開発を進めます．その結果，チャレンジよりも失敗しない組織文化が形成されたのではないでしょうか（まえがき，第 1 章）．

一方，欧米では日本企業から，“良い仕組みが良い結果を継続的に生み出す”ことを学び，これを自分たちに適合できるようにアレンジする工夫がなされました．第 3 章に示したシックスシグマと DFSS などがその代表例です．

筆者らは，これまでとは逆に欧米の行動に学んで，自社に合ったより良い技術開発プロセスの仕組みやマネジメントを構築することこそ，これからの日本製造業復活の鍵であると考えました．日本には，人を重視した TQM の考え方や全社一丸の文化があります．チームワークによる中長期視点での取組みで強い企業体質を作り上げていただきたいと望んでいます．

技術開発業務に関わるすべての人が関心をもって，生きた仕組みを整備していただくために，本書では，日本のTQMの歩みと課題（第1章），技術開発に期待するところ（第2章），欧米は日本から学んだことをどのような仕組みとして整備したか（第3章）で技術開発を取り巻く環境，課題を共有していただいた上で，技術開発の仕組みの具体案（第4章），マネジメントの着眼点（第5章）を考えていただくように構成しました．

第4章の内容については，日本品質管理学会と品質工学会の共同研究チーム"商品開発プロセス研究会" WG2グループで検討された，"技術開発を設計するプラットフォームT7"を参考にさせていただきました．提供いただいた研究会には厚くお礼申し上げます．

幾つかの企業からは実例を頂戴し掲載させていただきました．提供いただいた企業の方に感謝いたします．技術開発に関する事例となると，機密保持の関係で少し古い事例にならざるを得ない事情もあります．考え方，取り組み姿勢を見る上では参考となる事例を掲載したのでご理解ください．

技術者の皆様へ

仕事に投入する時間を充実したものにしたい．これは企業に所属しているかどうかに関係なく，誰かの役に立つことを目的とした活動をしている人にとって全員に共通の願いです．では，"充実している"とはどういう状態でしょうか．結果が良いから充実感が得られるのでしょうか．技術開発テーマの目標達成や事業化の成功などの成果は誰もが求めることです．成功は成功するまでのプロセスの結果です．結果としての成功は充実感というよりも達成感という表現が正しいでしょう．

納得できる仕事をすることが充実感につながり，やがて夢中になって仕事に没頭する．こんな状態が理想だと思います．夢中になって取り組んだ結果として良い結果が得られるものだと思います．

本書で紹介した各技法は"鬼に金棒"の金棒です（第2章）．金棒は重たいので最初のうちは自在に振り回すことは難しいかもしれませんが，頑張って振り回していると力がついてきます．それが良い仕事の原動力となります．金棒を活用して仕事を通じた充実感を味わってください．結果は後からついてきます．

マネジャーの皆様へ

“追いつき追い越せ”のキャッチアップ時代は，残業や休日出勤などのハードワークが有効でした．解答があるとわかっているのであれば手っ取り早く試作品を作って，顕在化した問題をつぶす問題対策のアプローチが有効です．しかし，今は時代が変わりました．未完成な技術で製品設計段階に入ってしまうと永遠の問題対策になってしまうリスクがあります．製品設計前の技術開発段階で充分なレベルの技術を確保することが必須です．さらに自社技術を歓迎してくれる市場とVOCを創造することが事業化の大前提となるケースも増えてきました．

解答のない世界に方向性を与え，経営課題を達成できる組織力を実現することがマネジメントに求められています．顕在化した問題への対処では現状打破はできません．現状打破のためには急がば回れのアプローチも，ときには必要となります．実験の成功から，技術開発の成功へ，さらには事業化の成功へと大所高所からの視点をもつために本書を有効活用していただくことを願っています．

本書が，“甦れ，日本の製造業！”を目指す動機付けになり，顧客に感動を提供するための技術開発の体質向上をはかる参考に供することができることを，執筆者一同願ってやみません．

索　　引

ほ

ま

み

も

よ

り

ろ

［著者略歴］

福原　證（ふくはら　あかし）

技術士（経営工学部門）．（有）アイテムツーワン　TQM シニアコンサルタント，（株）アイデア取締役，（一社）中部品質管理協会顧問．1965 年　名古屋工業大学計測工学科卒業，トヨタ車体（株）入社，品質保証機能総括業務に従事．1985 年（一社）中部品質管理協会　事務局長・指導相談室長．1996 年（有）アイテムツーワンを設立，社長・会長を経て現職．国内・海外の団体・企業で TQM 推進・方針管理・新製品管理（QFD）・工程管理（イキイキ職場づくり）などを指導．主な著書「事例に学ぶ方針管理の進め方」，「事例に学ぶ製造不良低減の進め方」，日科技連出版社 2022 年．QFD Institute より Akao Prize（米国）受賞 2001 年．

田口　伸（たぐち しん）

CTO ASI Consulting Group, Bingham Farm, MI USA，日本規格協会技術顧問，光産業創成大学院大学 客員教授，ITEQ International 顧問，品質工学会理事，1979 年ミシガン大学工学部卒（BSE）．インド統計局研究員．品質経営研究所を経て 1983 年米国フォード自動車 Ford Supplier Institute に入社．FSI が独立し，American Supplier Institute となり，1988 年副社長，1995 年 ASI 社長．1983 年から，主に欧米企業においてタグチメソッド・Robust Engineering の指導，2000 年より Design for Six Sigma DFSS の指導，現在に至る．主な著書「Robust Engineering」G. Taguchi, S. Taguchi, Chowdhury: McGraw-Hill 1999,「Computer-Based Robust Engineering」G. Taguchi, S. Taguchi, Jugulum: ASQ Press 2004,「Robust Optimization」S. Taguchi & S. Chowdhury: Wiley 2016,「タグチメソッド入門」，日本規格協会 2016 年．米国品質学会より Craig 賞 1988 年，Fellow, Royal Statistical Society in London1996.

細川　哲夫（ほそかわ　てつお）

1987 年東京農工大学修士課程修了．（株）リコー，（株）ニコンで新技術による新事業立上げに従事．1997 年から富士通（株），（株）リコーにて品質技術の開発，推進，人財育成に従事．2015 年技術開発のための技法 CS-T 法を発表．2019 年博士号取得．2021 年（株）リコーを定年退職し，QE Compass 代表として，ものづくり企業の価値創出力向上を目指した活動を開始．東京工業大学非常勤講師，品質工学会理事．主な著書「基礎から学ぶ品質工学」共著，日本規格協会 2013 年．「タグチメソッドによる技術開発」，日科技連出版社 2020 年．日本品質管理学会より品質技術賞受賞 2015 年，欧州 QMOD より Best Paper Award 受賞 2018 年．ホームページ https://qecompass.com/

日本製造業復活のための技術開発とマネジメント

2024 年 6 月 5 日　第 1 版第 1 刷発行

著　　者　福原　證・田口　伸・細川　哲夫
発 行 者　朝日　弘
発 行 所　一般財団法人　日本規格協会
〒 108−0073　東京都港区三田 3 丁目 11−28 三田 Avanti
https://www.jsa.or.jp/
振替　00160−2−195146
製　　作　日本規格協会ソリューションズ株式会社
印 刷 所　日本ハイコム株式会社
製作協力　株式会社群企画

ISBN978−4−542−50434−9

● 当会発行図書，海外規格のお求めは，下記をご利用ください．
JSA Webdesk（オンライン注文）：https://webdesk.jsa.or.jp/
電話：050−1742−6256　E-mail：csd@jsa.or.jp